"中国饭碗"丛书

丛书主编 师高民

"十四五"时期国家重点出版物出版专项规划项目

红粮酿香·高粱

田顺利 吴春阳 编著

南京出版传媒集团
南京出版社

图书在版编目（CIP）数据

红粮酿香·高粱 / 田顺利，吴春阳编著. -- 南京：南京出版社，2022.6

（中国饭碗）

ISBN 978-7-5533-3439-4

Ⅰ.①红… Ⅱ.①田… ②吴… Ⅲ.①高粱—青少年读物 Ⅳ.①S514-49

中国版本图书馆CIP数据核字（2021）第212398号

丛 书 名	"中国饭碗"丛书
丛书主编	师高民
书　　名	红粮酿香·高粱
作　　者	田顺利　吴春阳
绘　　图	林　隧
插　　画	谷创业　赵　星　李　哲
出版发行	南京出版传媒集团 南　京　出　版　社 社址：南京市太平门街53号　邮编：210016 网址：http://www.njcbs.cn　电子信箱：njcbs1988@163.com 联系电话：025-83283893、83283864（营销）　025-83112257（编务）
出 版 人	项晓宁
出 品 人	卢海鸣
责任编辑	钱　薇
装帧设计	赵海玥　王　俊
责任印制	杨福彬
制　　版	南京新华丰制版有限公司
印　　刷	南京凯德印刷有限公司
开　　本	787毫米×1092毫米　1/32
印　　张	4.375
字　　数	68千
版　　次	2022年6月第1版
印　　次	2022年6月第1次印刷
书　　号	ISBN 978-7-5533-3439-4
定　　价	28.00元

用微信或京东
APP扫码购书

用淘宝APP
扫码购书

编委会

主　　任	师高民	卢海鸣			
副 主 任	于建华	田顺利	张庆州	赵云平	樊立文
编　　委	李建成	冯佰利	柏　芸	裴少峰	霍清廉
	李桂杰	谷创业	赵　星	尚　勇	李　哲
	宋　慧	刘成丰	赵学敬	孙中华	师　睛
	董　蔚	贾　浩	邢立志	牛彦绍	林　隧
	师　津	薛豪艺			

丛书主编　师高民
总 策 划　卢海鸣　樊立文
统　　筹　鲍咏梅　孙前超　王　雪

特邀顾问

郄建伟　戚世钧　卞　科　刘志军　李成伟　李学雷
洪光住　曹幸穗　任高堂　李景阳　何东平　郑邦山
李志富　王云龙　娄源功　刘红霞　李经谋　常兰州
胡同胜　惠富平　魏永平　苏士利　黄维兵　傅　宏

主编单位

河南工业大学　　　　　　中国粮食博物馆

支持单位

中国农业博物馆　　　　　银川市粮食和物资储备局
西北农林科技大学　　　　沈阳师范大学
隆平水稻博物馆　　　　　中国农业大学
南京农业大学　　　　　　武汉轻工大学
苏州农业职业技术学院　　洛阳理工学院

总序

"Food for All"（人皆有食），这是联合国粮食及农业组织的目标，也是全球每位公民的梦想。承蒙南京出版社的厚爱，我有幸主编"中国饭碗"丛书，深感责任重大！

"中国饭碗"丛书是根据习近平总书记"中国人的饭碗任何时候都要牢牢端在自己手中，我们的饭碗应该主要装中国粮"的重要指示精神而立题，将众多粮食品种分别著述并进行系统组合的系列丛书。

粮食，古时行道曰粮，止居曰食。无论行与止，人类都离不开粮食。它眷顾人类，庇佑生灵。悠远时代的人们尊称粮食为"民天"，彰显芸芸众生对生存物质的无比敬畏，传达宇宙间天人合一的生命礼赞。从洪荒初辟到文明演变，作为极致崇拜的神圣图腾，人们对它有着至高无上的情感认同和生命寄托。恢宏厚重的人类文明中，它见证了风雨兼程的峥嵘岁月，记录下人世间纷纭精彩的沧桑变迁。粮食发展的轨迹无疑是人类发展的主线。中华民族几千年农耕文明进程中，笃志开拓，筚路蓝缕，奉行民以食为天的崇高理念，辛勤耕耘，力田为生，祈望风调雨顺，粮丰廪实，向往山河无恙，岁月静好，为端好养育自己的饭碗抒写了一篇篇波澜壮阔的辉煌史诗。香火旺盛的粮食家族，饱经风雨沧桑，产生了众多优秀成员。它们不断繁衍，形成了多姿多彩的粮食王国。"中国饭碗"丛书就是记录这些艰难却美好的文化故事。

我国古代曾以"五谷"作为全部粮食的统称，主要有黍、稷、菽、麦、稻、麻等，后在不同的语境中出现了多种版本。在文明的交流融汇中，各种粮食品种从中东、拉美和中国逐步播撒五洲，惠泽八方。现在人们广泛称谓的粮食是指供食用的各种植物种子的总称。

随着人类社会的发展、科技的进步和人们对各种植物的进一步认识，粮食的品种越来越多。目前，按照粮食的植物属性，可分为草本粮食和木本粮食，比如，水稻、小麦、大豆等属于草本粮食；核桃、大枣、板栗等则是木本粮食的代表。按照粮食的实用性划分，有直接食用的粮食，比如，小麦、水稻、玉米等；也有间接食用的粮食，比如说油料粮食，包括油菜籽、花生、葵花籽、芝麻等。凡此，粮食种类不下百种，这使得"中国饭碗"丛书在题材选取过程中颇有踌躇。联合国粮食及农业组织（FAO）指定的四种主粮作物首先要写，然后根据各种粮食的产量大小和与社会生活的密切程度进行选择。丛书依循三类粮食（即草本粮食、木本粮食和油料粮食）兼顾选题。

对于丛书的内容策划,总体思路是将每种粮食从历史到现代,从种植到食用,从功用到文化,叙写各种粮食的发源、传播、进化、成长、布局、产能、生物结构、营养成分、储藏、加工、产品以及对人类和社会发展的文化影响等。在图书表现形式上,力求图文并茂,每本书创作一个或数个卡通角色,贯穿全书始终,提高其艺术性、故事性和趣味性,以适合更大范围的读者群体。力图用一本书相对完整地表达一种粮食的复杂身世和文化影响,为人们认识粮食、敬畏粮食、发展粮食、珍惜粮食,实现对美好生活的向往,贡献一份力量。

凡益之道,与时偕行。进入新时代,中国人民更加关注食物的营养与健康,既要吃得饱,更要吃得好、吃得放心。改革开放以来,我国的粮食产量不断迈上新台阶,2021年,粮食总产量已连续7年保持在1.3万亿斤以上。我国以占世界7%的土地,生产出世界20%的粮食。处丰思歉,居安思危。在珍馐美食和饕餮盛宴背后,出现的一些奢靡浪费现象也令人触目惊心。恣意挥霍和产后储运加工等环节损失的粮食,全国每年就达1000亿斤以上,可供3.5亿人吃一年。全世界每年损失和浪费的粮食数量多达13亿吨,近乎全球产量的三分之一。"一粥一饭,当思来之不易;半丝半缕,恒念物力维艰。"发展生产,节约减损,抑制不良的消费冲动,正成为全社会的共识和行动纲领。

"春种一粒粟,秋收万颗籽",粮食忠实地眷顾着人类,人们幸运地领受着粮食给予的充实与安宁。敬畏粮食就是遵守人类心灵的律法。感恩、关注、发展、爱惜粮食,世界才会祥和美好,人类才会幸福生活。我们在陶醉于粮食恩赐的种种福利时,更要直面风云激荡中的潜在危机和挑战。历朝历代政府都把粮食作为维系国计民生的首要战略目标,制定了诸多重粮贵粟的政策法规,激励并保护粮食的生产流通和发展。行之有效的粮政制度发挥了稳邦安民的重要作用,成为社会进步的强大动力和保障。保证粮食安全,始终是国家安全重要的题中之义。

国以民为本,民以食为天。在习近平新时代中国特色社会主义思想指引下,全国数十位专家学者不忘初心、精雕细琢,全力将"中国饭碗"丛书打造成为一套集历史性、科技性、艺术性、趣味性为一体,适合社会大众特别是中小学生阅读的粮食文化科普读物。希望这套丛书有助于人们牢固树立总体国家安全观,深入实施国家粮食安全战略,进一步加强粮食生产能力、储备能力、流通能力建设,推动粮食产业高质量发展,提高国家粮食安全保障能力,铸造人们永世安康的"铁饭碗""金饭碗"!

师高民

(作者系中国粮食博物馆馆长、中国高校博物馆专业委员会副主任委员、河南省首席科普专家、河南工业大学教授)

前言

如果问哪些农作物最能唤起国人最深层次的记忆,高粱无疑是最不可忽视的、最为特殊的种类。作为我国传统的粮食作物,也是世界上最为古老的谷类作物之一的高粱,曾因自身独特的价值,在世界历史,尤其是中国的历史舞台上发挥了举足轻重、无可替代的作用。它不但丰富了中华民族的饮食文化,催生了灿烂的高粱文化,更在极大程度上助力了华夏民族的繁衍不息。

高粱栽培历史悠久,应用价值较高,应用领域广泛。高粱浑身上下都是宝,它的籽粒可食用、酿造、饲用等,其茎秆有做笤帚、炊帚、青贮饲用等多种用途。可以说,高粱是一个全能型农作物选手,深受人们的欢迎和喜爱。然而,当我们试图在身边寻找高粱的踪影时,却又难以直接发现它的身影。

那么,高粱到底从哪儿来?它又有着怎样的前世今生?到底经历了哪些不为人知的故事?又是如何赢得了人们的广泛赞誉?……这一系列问题我们似乎都难以一时找到答案。因为,高粱似乎离我们实在太远了,它作为主食已经在餐桌上消失了很久,久得让我们,尤其是青少年朋友很难记得它的存在。然而,高粱的化身在我们身边却又无处不在,白酒、陈醋、食物,还有衣物的上色剂等等,甚至我们吃的肉食,都很大程度上都离不开高粱。不仅如此,我们的文化中也早已深深刻下了高粱的印记。

因此,为增进人们对高粱的了解和认知,编者从高粱趣事谈起,试着以不那么枯燥的文字来徐徐展现高粱的前世今生,以及附着于高粱上的文化印记。在著书的过程中,我们始终把握文字通俗易懂、阅读轻松活泼的原则,试图集科学性、知识性、趣味性、通俗性和教育性于一身,从而激发读者们的阅读兴趣,加深大家对高粱这一独特农作物的印象和认知。

愿《红粮酿香·高粱》的出版,为介绍高粱、提高爱粮意识、宣传高粱文化起到应有的作用。

目录

一、前世今生知几许 …… 001
1. 趣话高粱 ………… 001
2. 高粱印象 ………… 006
3. 源远流长 ………… 010

二、一脉相承传薪火 …… 018
1. 济世之旅 ………… 018
2. 长在中土 ………… 021
3. 随遇而安 ………… 029
4. 高粱家族 ………… 034

三、立地顶天傲世间 …… 040

1. 生命之根 ………… 040

2. 直挺脊梁 ………… 048

3. 长叶互生 ………… 052

4. 花开为穗 ………… 056

5. 穗孕籽粒 ………… 059

四、春种秋收只为实 …… 065

1. 整理土地 ………… 065

2. 播下希望 ………… 070

3. 劳在田间 ………… 074

4. 奇妙自卫 ………… 076

5. 秋实满盈 ………… 080

五、妙用无双皆是宝 …… 087

　1. 食药同源 ………… 087

　2. 花式食法 ………… 092

　3. 青贮饲用 ………… 098

　4. 工用广泛 ………… 101

　5. 艺在民间 ………… 105

　6. 红粮飘香 ………… 111

后　记 …… 121

大家好,我是粱宝!

我从非洲西北部走来,经过人类数千年间的驯化,在全世界传播,不但在非洲、美洲、澳洲和亚洲的印度安了家,而且广泛地分布于中国大江南北,进行了一场奇幻之旅和济世之行。我用处多,作用大,如果你足够细心,在生活中许多方面都可以找到我哦!

一、前世今生知几许

1. 趣话高粱

高粱,又称红粮、蜀黍,古称蜀秫,北方民间俗称秫秫,是禾本科一年生草本植物[①]。高粱颇具传奇色彩的经历,在中国粮食史上留下了浓墨重彩的一笔,扮演过"救命粮"的角色,其价值之重要可见一斑。历史上的某些时期,因天灾、战乱等,高粱在当时人们的餐桌上出现,成为别无选择的食物之一。在今天

---

① 禾本科植物的品种非常多,被分为了 620 个属,至少有 1 万多种。中国有 190 余属约 1200 多种。比较常见的有小麦、大麦、高粱、稻米、荞麦、玉米、竹子、甘蔗等,差不多日常可以见到的粮食都属于禾本科。此外,禾本科包括多种俗称"某某草"的植物,如狗尾巴草等。

世界上的不少地方，如非洲和印度部分地区等，高粱依然是主食之一。作为作物界的全能型选手，高粱几乎能在任何恶劣环境中生存，而且产量也不算低，亩产一般在三四百公斤左右，多的能达到五百公斤。

高粱作为世界第五大谷类作物，应用广泛。早在明清时期，中国就已有酿酒高粱、糖用高粱、饲料高粱及帚用高粱等专门类别。高粱的籽粒可以食用、酿酒；外壳可以提取色素；茎秆可以制糖、制酒精、作青贮饲料等，也可以用来建材、造纸和燃料，亦可以用来织席、编帽，制作工艺品等；穗荛可做笤帚、锅盖等。

既然高粱如此重要，那为什么现在我们很少能在身边见到它们呢？你可能不知道，其实高粱在我们身边无处不在。奇怪，怎么可能呢，明明餐桌上没有它的存在啊！是的，作为食物存在我们确实很少见到它，因为同样作为谷类作物，身份却千差万别。有的生来高贵，产量和口感俱佳，广受人们喜爱，如广泛种植的水稻和小麦等；但也有些因为诸多原因不为人所喜，高粱便是其中之一。

在中国农作物栽培历史上，高粱扮演了极其重要

高粱地

的角色。它常常作为拓荒的先行者,随着拓荒者的足迹而传播至各地。千百年来,由于旱、涝、虫等灾害不断,给各类农作物生长造成非常不利的影响,恶劣的生态条件限制了它们的发展。若再遇上兵荒马乱,人们甚至逃至穷山恶水处,躲避战乱,勉强度日。高粱以其抗旱、耐涝、耐寒、耐盐碱和适应性强等特点,再加之应用范围广泛,逐渐成为主要农作物之一。因此,在一段历史时期内,中国北方和东北地区出现了"漫山遍野的大豆高粱"这一壮丽田野景观。了解和熟悉历史的我们,肯定不会忘记"青纱帐"这个词,在抗日战争中,东北的爱国将士在遍地的高粱青纱帐中奋勇杀敌,最终击退了侵略者,取得了最后的胜利。作家莫言曾写过长篇小说《红高粱家族》，根据小说改编的电影《红高粱》更是赢得赞誉无数，成为中国第一部走出国门并荣获国际大奖的影片，影片中的大片高粱地，让很多人印象深刻，记忆犹新。

在长期的种植过程中，中国农民积累了丰富的高粱栽培和利用经验，形成了独特的种植文化、储藏文化、酿造文化、地域文化和艺术文化等，高粱也因其抗逆性出色、生命力顽强等独特品格，而被人们赋予了一定的文化意义。在很多地区的日常风俗中，高粱

新婚撒高粱习俗

都不可缺席,也证明了它与国人的深厚情谊。过去,在东北农村部分地区,人们喜欢把高粱铺在新人炕头的前面,因为当地人认为踩着高粱上炕非常吉利,能带来幸福。新娘新郎入洞房的时候,亲友还会往新人身上撒高粱,以此祝愿新人节节高升。

千百年来,高粱在中国被幻化出一种天人合一的精神内涵,被赋予了一种荡气回肠的文学情怀,被描绘成一种红火喜庆、坚韧顽强的中国性格,形成了独具中国特色的高粱文化。近些年,很多地方又把高粱与文化旅游事业结合起来,开始深度挖掘高粱文化的

高粱文化节

内涵和价值，从文艺创作，到应用领域扩展，再到景点打造，有的地方甚至办起了红高粱文化节，使高粱跃入了更多人的视线。

2. 高粱印象

一粒完全成熟的高粱种子被埋入土壤中，在适宜的温度、湿度和光照条件下，从开始萌动发芽，破土，生根，长茎、叶、花序，开花授粉并结出新的果实，到收割入仓，再到端上人们的餐桌。这一路走来显得那么平淡无奇，平凡得人们都不一定会注意到它的存在，自然也不会向它投来更多的眼光。可是，当你静下心来，走进高粱的世界，去认真品味高粱，你会发现高粱传奇的一生，值得我们每一个人为它点赞！

清朝诗人张玉纶曾在《高粱》一诗中写道："芳名传蜀黍，嘉种遍辽东。盛夏千竿绿，当秋万穗红。影全迷渭竹，色欲艳江枫。漕运天仓满，飞随海舶风。"其中，"盛夏千竿绿，当秋万穗红"当属描写高粱的佳句。张玉纶在诗中描写的场景是何等壮观，我们可以想象一下，遍地种满高粱的辽东，当盛夏来临时,一棵棵高粱组成了无边无际的青纱帐,煞是好看。当秋天悄然而至,高粱红就渲染了整个大地。作者在诗中直书其美,把高粱的风姿勾勒得如此分明,从妙龄到成熟,着色鲜活,令人遐思。可惜的是,很多人对高粱仅有的印象恐怕还是来源于电视或书本中为数不多的介绍,未能在现实当中欣赏到如此美妙的景象,甚至不少人脑海中并没有高粱的具体形象。那高粱到底长什么样子呢?

的确,很多人知道高粱,但并不知道高粱具体

高粱穗

长成什么样子。其实高粱是一种一年生的草本C4植物[1],由根、茎、叶、穗等组成。高粱的外形跟芦苇有些像,但它的茎秆中间是实心的。与其他禾谷类作物相比较,它的根系更为发达,毛细根可以深入土壤达2米左右。高粱的植株茂盛,茎秆直立,一般品种的秆高1~4米不等,成熟时在茎秆顶端会长出高粱穗,茎秆表皮的颜色也会随之逐渐失去水分呈现出黄褐色(也有红色)。高粱叶子类似玉米叶,为线形,但较玉米叶更窄一些,呈淡绿色。高粱的茎、叶光滑坚实,表面布满蜡质,有利于防止水分散失。另外,在过度干旱的情况下,高粱的叶片可以纵向向内卷曲起来,尽量减少暴露面积,从而保持水分。高粱穗为顶生圆锥花序[2],有多种穗形,如纺锤形、伞形、筒形、帚形等。高粱籽粒分为硬质和软质两种,形状一般为

---

[1] C4植物,生长过程中从空气中吸收二氧化碳首先合成苹果酸或天门冬氨酸等含四个碳原子化合物的植物,如高粱、玉米、甘蔗等,具有生长能力强、光合作用效率高、耗水量小、土壤适应性广等特点。地球现有植物90%以上为C3植物,如水稻、小麦、大豆等绝大多数农作物,而C4植物不到5%。

[2] 整个花序形如圆锥,故称"圆锥花序"。在开花期内,随着花序轴的生长,不断产生侧枝,每一侧枝顶上分化出花。这类花序的花一般由花序轴下面先开,渐次向上,同时花序轴不断增长,或者花由边缘先开,逐渐趋向中心,这就是总状花序。每个分枝均为总状花序,因此又称"复总状花序"。

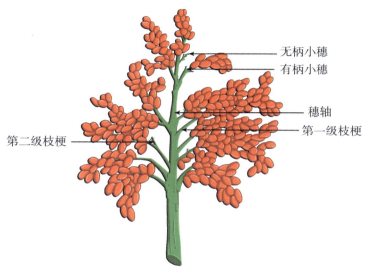

高粱的圆锥花序

卵圆形或椭圆形，有红、黄、白等多种颜色。

农民在种植高粱的时候非常讲究，特别注意把握季节因素。一般播种高粱主要在春、秋两季进行。植物学家通常将高粱一生分为四个生长周期，第一个是种子萌发期，包括从播种到出苗；第二个是幼苗期，涵盖了出苗到拔节；第三个是幼穗形成期，从找节到抽穗都在这一时期；最后一个是籽粒形成期，这一时期，高粱从抽穗走向成熟，最终被收割入仓。

因此，高粱无论从形态，还是生长上都有自己的特色，展现出独一无二的特质，它没有华丽的身姿，显露不出高贵的气质，更少了一种让人惊心动魄的美。就这样，高粱以低调的姿态不卑不亢地屹立于众多农作物之中，走入寻常百姓家，默默地服务于世人。在培育和践行社会主义核心价值观的当代，我们需要寻回的不就是这种特质吗？

3. 源远流长

高粱作为人类栽培历史最为悠久的农作物之一，也是较早受到人工选择进化影响的农作物之一，它是由自然选择和人工选择综合作用而来，其丰富的种群见证了人类农业的发展。可以说，高粱的发源史就是一部人类文明的发展史。关于高粱是何时从野生禾草被人类驯化成可以食用的谷物，科学界目前的说法是不晚于5000年前。目前得到普遍认同的是，位于非洲东北部的埃塞俄比亚被认为是现代栽培高粱的原生中心。

远古时期，原始人以采集果实和打猎果腹，还不明白如何种植粮食。此时在非洲的中部地区，也就是现在的古埃塞俄比亚处于热带，气候较为干旱。当地

原始人捡拾籽粒

有一种植物,类似现在的高粱,不过是路边随处可见的野草,当地原始土人年年采集这种植物的草籽来充饥。但由于产量太低,采集到的籽实只是杯水车薪,难以满足果腹的需要。

然而,人类的智慧由此体现了出来。在距今大概5000年前,具体也不知道哪一年,古埃塞俄比亚当地土人发现自然掉落的草籽在第二年能发芽、成长,并能结成新的籽实时,他们就有意识地从野生禾草中驯化出高粱这一耐热、耐旱的谷物,于是就有了更多的

趣话高粱

前世今生知几许

高粱印象

源远流长

籽粒充饥。就这样,高粱经过数千年间不断地采集、驯化和育种,终于进化成今天我们见到的模样。

据研究,世界上高粱分布广,形态变异多,非洲是高粱变种最多的地区。有专家收集到了17种野生种高粱,其中有16种来自非洲,所确定的31个栽培种里非洲占28种,158个变种里只有4个种在非洲以外的地方。因此,目前高粱的"非洲起源说"已成为学界的主流。

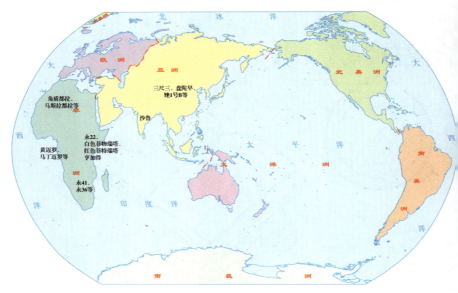

审图号:GS(2016)1566号

高粱不同品种产地情况

可能会有人提出不同的说法，高粱不是原产于中国吗？是的，在学术界确实有这种观点，但从植物学、考古学和古生物学的考证来看，现有的证据还无法完全有效地支撑高粱的"中国起源说"。虽然中国高粱与非洲、印度的各种高粱有明显的区别，但令人遗憾的是，我们并没有在中国确切地发现栽培高粱的野生祖本，而考古出土的高粱遗存，不仅数量十分稀少，而且真实性饱受争议，不能像水稻、谷子等作物一般，为我们展现出一幅高粱从野生种到被古人驯化为栽培种的历史画卷。

此外，在中国几千年一脉相承的古籍文字中，为何直到魏晋时期才有了对高粱，也就是蜀黍的明确记载，那么在此之前，高粱的名称究竟是什么？古籍中的粱、秫、稷、黍、粟等名称所指的分别是什么作物，它们跟高粱到底有着什么样的关系？国内外的学者们就此进行了多方考证和争论，但时至今日仍未取得广泛共识。

当然，作为非专业人士的普通大众来说，我们不妨从另外一个角度来思考问题，那就是从我们古人的记载用词中来寻找我们想要的答案。当翻阅历史文献资料时，你会发现我国原产作物最初都是单音词，而高粱的早期古名大都是双音词。在历史上，中国每引进一种新作物，都会给赋予它一个新的名称，而且新的名称一般会从已有的作物名称演化而来。从文献记载上看，与高粱相关的最早的确切记载应该出现在魏晋时期。当时，高粱被称为藿粱、木稷、蜀黍、杨禾、巴禾、大禾等，它们是在中国原有作物粱、稷、黍、禾的基础上加一修饰词而构成新的作物名词的。从这一方面来看，难怪不少人对高粱中国起源说产生了一定的疑问。

但是，中国境内高粱文物的存在和古籍中对高粱的记载，一定程度上又可以说明中国野生高粱的存在。在这里，我们不妨有一个大胆的猜测，中国本土野生高粱可能并没有直接被驯化成栽培高粱，而是当栽培高粱通过印度进入中国后，与其经过杂交而驯化成的现代多样型的中国高粱品种。当然这种猜想缺少足够的科学依据，但科学研究的意义不正是在于这种探究精神吗，我们应该大胆假设，小心求证，去追寻正确的答案。因此，中国高粱的起源问题，有待于新的证据的出现，需要结合考古学、遗传学和植物学等多学科知识继续探索,从而得出明确的结论,希望有志于此的青少年朋友能积极投身于这项研究哦!

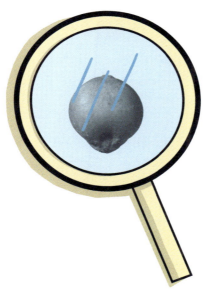

通过放大镜看碳化的高粱米

二、一脉相承传薪火

1. 济世之旅

高粱在全世界的传播，可以说一场奇幻的旅行和济世之行。高粱这种抗旱又耐涝的作物，具有在恶劣的环境下生长的能力，对稳定粮食产量、保证民食供应意义非凡。几乎每到一地，高粱都会留下自己的后代，形成区别于其他区域的稳定族群。高粱种植在高峰期播种面积超过4000万公顷，被视为干旱和盐碱土壤农业区可持续农业发展的一种主要作物，为填饱人类肚子、促进人类繁衍发挥了重要作用。

任何栽培作物的起源和进化都与农业生产和发展

是分不开的，而栽培作物的传播与人口的迁徙密不可分。作为栽培作物，高粱同样如此。高粱的济世之旅开始于至少5000年前的古埃塞俄比亚。享受着劳动和智慧果实的，不仅仅是当地古埃塞俄比亚人自己，他们在农业发展引发人口膨胀的时候，迁徙到埃塞俄比亚高原周边海拔较低的地方居住，将高粱也带到那里。慢慢地，高粱也随着人口的迁移开始推广到世界各地。

早在公元前4000或3000年前，高粱就从古埃塞俄比亚传到西非。这个地区的农业较为发达，人们培育了大量的高粱品种，高粱也逐渐在西非农业中占据了重要地位。后来，某些高粱品种随着人口的迁移被班图人带到了人口稀少的东非，并因强大的生存能力快速地扩展到中非和南非等地区。在非洲散布开后，约在公元前2000年末或1000年前初，随着非洲和印度之间海上贸易的发展，高粱也随着阿拉伯商人的船队传播到了遥远的东方印度。在两汉魏晋时期，从印度沿着亚洲海岸线的海路贸易持续拓展，高粱随之传到了中国沿海地区。此外，高粱也可能通过西北、西南的陆路来到了中国内陆，并经驯化形成了新的品种。说到这儿，大家可能已经发现了，高粱之所以能不远万里来到中国，很大程度上要感谢我们的海上和陆地丝绸之路呢！从遥远的非洲大陆到印度河流域，再经丝绸之路来到中国，高粱所跨越的不仅是时间和空间上的数个文明维度，更是从物种上突破了因环境、地貌、气候不同所导致的地理鸿沟，从而繁育出丰富的中国高粱族群，诞生了无比灿烂的高粱文化。

高粱的旅行并没有止步于此，随着时间的进程，高粱在公元前700年左右就已经到达了中东和地中海沿岸。据考证，意大利于16世纪之前就种植过高粱。随着高粱前行的脚步，高粱的种植技术逐渐传播到西班牙、法国和德国等地，大大地造福于当地人民。然而，海洋这个天然的鸿沟还是在一定程度上阻碍了高粱前行的脚步，高粱踏上美洲大陆已是近代的事儿了。最早是随着奴隶贸易被引入美国，后来随着时间的发展和当地的需要，不同品种的高粱被不断地引进美洲。

现如今，高粱已经广泛分布于世界五大洲近50个国家的热带干旱和半干旱地区，是这一地区重要的粮食、饲料作物来源。此外，高粱在地处温带的一些国

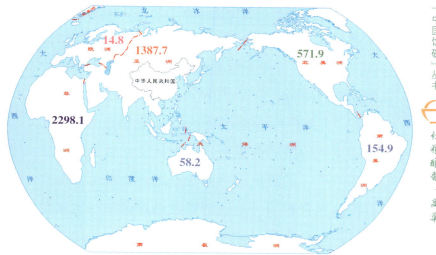

高粱种植在全球分布图

家和地区也有种植,当然,在栽培面积上不如热带国家,但在数量上还是不少的,世界共有100多个国家和地区种植高粱。从种植面积上讲,非洲种植面积最大,亚洲次之,印度、尼日利亚、美国、阿根廷、巴基斯坦、苏丹、墨西哥、中国等国家都是高粱种植面积较大的国家。

2. 长在中土

前面我们说过,高粱曾在我国历史上扮演着重要的角色,深刻地融入进中华民族的生活,诞生了灿烂的高粱文化。尽管高粱的"非洲起源说"得到了广泛的认同,人们还是根据西晋张华《博物志》等文献的记载,推测出高粱传入中国的时间应该在公元3~4世纪左右,大面积种植的时间约在元代。但也有不少人坚持高粱"中国原产说",认为高粱在中国的种植已有四五千年的历史。持此观点者主要基于考古资料,但这些资料的可信度到现在仍然存在一定程度的争议。先秦典籍中并没有关于高粱的确切记载。考古出土的谷物遗存中,高粱也未有一例。可见中国史前时期乃至先秦两汉时期是否存在高粱一直是一桩疑案。

但是,从现有的证据和确切记载来看,中国的高粱栽培至少有2000年以上的历史。如明代李时珍所著《本草纲目》中曾列举了高粱一些俗名及雅称:蜀秫、芦穄、芦粟、木稷、荻粱、高粱。从这里可以看出,"高粱"之名至少在明代就已经比较普遍了,或者说已经成为一种统称。当然,生产力的低下决定了古人种植高粱主要目的是为了食用。后来,高粱的用途逐渐增多,并出现食用、酒用、糖用、饲用、帚用

《本草纲目》书影

等不同用途类型。

　　高粱真正得到人们的重视,大概是在距今千年左右的宋代,当时的人们注意到了这种植物的多种优点——抗旱、抗涝、耐贫瘠、耐盐碱,实在是太容易"伺候"了。在生产技术极其有限,战乱频繁,粮食匮乏,人们靠天吃饭的年代,高粱简直是救命食物的不二之选。从此高粱的种植便开始了大踏步前进的脚步。在明清至1949年,几乎家家户户都会挤出一片土地用来种植高粱。因为,人们在意识的最深处深刻认识到,当其他农作物颗粒无收时,至少高粱能成为"保底粮"和"救命粮"。而高粱的确也不负众望,即便是光景最不好的年份,它也会用自己的顽强一力扛起人们的冀望。

就这样,进入中国后,高粱大概用了不到200年的时间,就成功地完成了在北方的快速扩张。尤其是到了人口急剧膨胀的明清时期,由于其他作物的产出难以满足人口增长的需要,人们不得不把目光投向低洼盐碱地这样的种植禁区,有人为了逃离战争或灾害,不得不拖家带口,来到人口稀少的地方以求活命。民国时期,高粱成为仅次于水稻和小麦的第三大粮食作物,在几千年的高粱种植史中达到了鼎盛。当时在中国黄淮流域有不少易于积水成涝的低洼盐碱地,以及部分干旱缺水的高原,人们经常可以见到大片的高粱青纱帐。清末民初发生了大移民"闯关东",山东等地的民众还把高粱及高粱的先进种植技术带到了东北,于是就有了后来东三省"遍地的大豆高粱"。因此,从某种意义上讲,可以说是华北地区农业社会的扩张,助推了黄河文化中的河洛文化和齐鲁文化在东北的发展与兴盛。抗日战争时期,漫山遍野的高粱青纱帐又发挥了独特的作用,成为战士们得天独厚的藏身之所,可以随时随地地打击侵略者。为此,日本侵

高粱青纱帐

略者甚至一度禁止当地农民种高粱,还试图培育出矮化的高粱品种。

高粱在我国的分布极为广泛,几乎全国各地均有种植。高粱曾是我国的重要粮食作物。据有关资料记载,1952年高粱种植面积最大时达到939万公顷。后来高粱的种植面积逐渐减少,在杂种优势利用初期,高粱面积有所回升,但是之后又继续下降。到了近些年,随着对高粱需求的不断增长,高粱种植面积开始逐步稳定在60万公顷左右。

根据各地自然条件和土壤条件的差异,可将我国

高粱栽培划分为四个大区：春播早熟区、春播晚熟区、春夏兼播区、南方区。春播早熟区包括黑龙江、吉林、内蒙古全部，河北省承德地区、张家口坝下地区，山西、陕西省北部，宁夏干旱区，甘肃省中部与河西地区，新疆北部平原和盆地等。生产品种以早熟和中早熟种为主，为一年一熟制，通常5月上、中旬播种，9月收获。春播晚熟区是中国高粱主产区，单产水平较高，主要分布在秦岭、黄河以北，特别是长城以北包括陕西、河北、山西、辽宁等省的大部分地

审图号：GS（2019）1825号

熟制划分地区

区。栽培面积较多的省区有吉林、辽宁、黑龙江、山东、安徽、四川、内蒙古、河北及山西。基本上为一年一熟制，由于热量条件较好，栽培品种多采用晚熟种。近年来，由于耕作制度改革，麦收后种植夏播高粱，变一年一熟为二年三熟或一年二熟。春夏兼播区包括山东、江苏、河南、安徽、湖北、河北等省部分地区，春播高粱与夏播高粱各占一半左右，春播高粱多分布在土质较为瘠薄的低洼、盐碱地上，多采用中晚熟种，夏播高粱主要分布在平肥地上，以一年二熟或二年三熟为主。南方区包括华中地区南部，华南、西南地区全部，分布地域广阔，多为零星种植，种植相对较多的省份有四川、贵州、湖南等。种植的品种以短日性很强，散穗型、糯性品种居多，大部分具分蘖性，栽培制度为一年三熟，近年来再生高粱有一定发展。

3. 随遇而安

高粱就像一个孤独的旅行者，每到一个地方都要留下它的印迹，而且还生存得很好，这说明高粱的适应力很是惊人的。一个从热带走出的物种，竟然能安居到气候较为寒冷的地带,这不得不让人探究其中的奥秘。

中国有个成语叫"橘生淮南",什么意思呢?就是说一种植物生长在淮河以南则为橘,生长在淮河以北则为枳,就是说当环境发生了变化,事物的性质也变了。我们难以想象在北方看到高大的椰子树,同样,也难以想象大熊猫在北方山间快乐的生活。而高粱怎么可以在相差很大的环境和气候中生存下去呢?这是因为高粱经历了漫长的迁徙,并在不断的迁徙过程中渐渐改变了原有在热带环境中生长的特性,适应了不同的生长环境。

我们知道,植物的生长虽然取决于本身的特性,但也被它所处的气候、土壤等自然条件影响,受温度、空气、湿度、暗度、光照和矿物营养等多方因素的综合作用。当外部条件发生变化时,为了在陌生的环境中坚强地生存下去,它的特性就发生了变异,当此后的环境条件不再发生大的改变时,它的这种特性就得以保存下来。高粱在悠久的历史进程中,被移栽到全球各地,自然环境千差万别,便有了今天高粱抗旱、耐涝、耐瘠、抗逆性强等多方面的适应性,衍化

橘生淮南

出不少品种和类型,这是其他农作物不可比拟的。

　　高粱作为"植物中的骆驼",不但耐高温,而且也是著名的抗旱作物。高粱的根系发达,分布广,入土深,叶子、茎秆和根系的细胞均具有较高的弹性、粘度和渗透压,在土壤中吸收水分的能力很强,在严重干旱的情况下它依然可以正常生长。同时,高粱茎叶表面上有一层白色的蜡质,叶片表面的气孔总面积较小,在空气干旱时又能自行收缩,所以能减少水分的蒸发。此外,高粱还有一个特性,就是当水分缺乏时,植株呈休眠状态;而水分充足时,植株又可恢复生长。高粱还具有很强的抗涝性。在发育后期,高粱的根、茎、叶部形成通气系统,抗涝能力尤其显著。

低洼水涝与盐碱往往是紧密联系的，在这样的环境中，绝大多数作物几乎难以生存，但显然这难不倒高粱。由于叶片表皮上的气孔发育完整，水分调节能力强，所以高粱能忍受较长时期的积水浸泡。高粱的成熟期正值北方秋季多阴雨的时候，身处积水洼地而收成不减。高粱还极耐盐碱，而且其耐盐碱的能力随着植株的生长发育而逐渐增强。古代不少农书也说，蜀黍耐瘠薄，抗盐碱，宜下地，可以种植在不宜麦、禾生长的瘠地和碱地上。就这样，高粱不但在非洲、

盐碱地与平肥地

美洲、澳洲和亚洲的印度安了家,而且广泛地分布于中国大江南北,从冰雪覆盖的兴安岭,到四季如春的云南,到多彩的贵州,再到宝岛台湾,到处都有高粱的身影。

但无论如何我们不能忽略,人类才是高粱栽培的主因,人类的思想、期望、谋划和目的无疑在高粱的起源和栽培中发挥了重大的作用。高粱丰富的多样性

高粱特性

除了因为多样的生态环境,也是通过人类不断迁徙和技术进步而创造出来的,从而有效促进了农业的发展和传播,推动了人类文明的进步。

4. 高粱家族

高粱的济世之旅和世人不断对高粱进行杂交重组,造就了高粱庞大的家族。如果从原产地角度分,可以将高粱分为中国高粱和外国高粱两大类。外国高粱主要有印度高粱、南非高粱、北非高粱、西非高粱、中非高粱等。每一地的高粱都有着自己独特的特

高粱与茅台酒

点，比如中国高粱属温带型高粱，品种普遍高大，平均植株达2.7米左右。当然，由于中国地域广阔，南北气候差异较大，综合自然因素和人工选择的结果，中国高粱自身内部也形成了丰富多样的品种类型，差异也较大。

农业学家也会按高粱籽粒的颜色进行分类。比如，有红高粱、白高粱、黄高粱等。它们之间可不仅仅是颜色的区别那么简单，红粒高粱的单宁含量较多，口感较差，多用于酿酒，大家熟知的贵州茅台镇酱香型白酒的原料，就离不开当地的红缨子糯高粱；

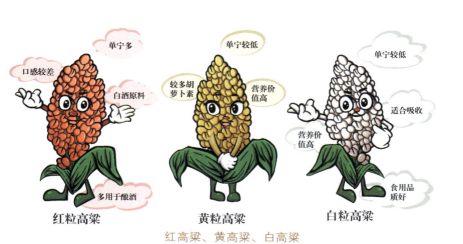

红高粱、黄高粱、白高粱

黄粒高粱的单宁含量则一般较低,适口性好且含有较多的胡萝卜素,营养价值良好;白粒高粱单宁含量也较低,最适合人体吸收,营养价值最高,食用品质好,适合磨粉和做淀粉。

此外,按照高粱的用途和花序、籽粒的形态不

食用高粱、糖用高粱、饲用高粱和帚用高粱

同，可将高粱分为食用高粱、糖用高粱、饲用高粱和帚用高粱等四种类型。食用高粱的籽粒主要供人食用、酿酒等。糖用高粱一般指甜高粱。其茎秆可制糖浆或乙醇，具有原料成本低，加工生产省工、省时，设备简单，酒精产出率高的优点。此外，甜高粱茎秆营养丰富，是喂养牲畜的极佳饲料，可以有效地降低喂养的成本。饲用高粱指以地上部绿色茎叶作为饲草而栽培的高粱，其绿色茎叶的产量高，再生能力强，主要用于青贮饲用。帚用高粱的穗秆可用来制做笤帚、炊帚或工艺品等。

当你查看高粱的有关资料时，会发现高粱又有粳高粱和糯高粱之分。但如果试图从高粱籽粒外形上加以区分，那就走了弯路了，你很难从物理特性上界定它们之间的区别。因为，粳高粱和糯高粱是按照高粱淀粉的结构来划分的。粳高粱淀粉结构多以易溶于水、易老化、不耐蒸煮等特点的直链淀粉为主，一般含量在60%以上。而糯高粱淀粉为支链淀粉，其结构难溶解、不易老化。那么怎么才能辨别出是粳高粱和糯高粱呢？最简单的办法就是用碘溶液进行检测，因为当直链淀粉接触碘溶液时会呈蓝色，而支链淀粉与

直链淀粉遇碘溶液呈蓝色

支链淀粉遇碘溶液呈红棕色

碘接触时则变为红棕色。

那这二者在使用上有什么区别呢？就拿现在常用的酿酒来说，南方酱香型以及浓香型等白酒多以糯高粱为原料，而北方的清香型等白酒多使用粳高粱。

三、立地顶天傲世间

1. 生命之根

当人们走过高粱组成的青纱帐时，或许会惊诧于这旷野中的郁郁葱葱，流连于这无边的原野，但很可能会忽略支撑着高粱挺直的茎秆，让其直立于大地之上的根须。在高粱无限风光、广受世人赞叹的背后，有着高粱根须不为人所知的付出和坚守。而这一切只为高粱能健康地生长，为人类提供更好的产出，这是一种多么可敬可叹的精神！

树高千尺离不开根。高粱同样如此，复杂的根系系统是其在贫瘠的土地中得以生长、开花和结实的根本。不同于其他很多植物，多样性让高粱的根有着迥异于其他植物的独特构造，高粱竟然有三种根：临时根、永久根和支持根，这是多么神奇的一种植物！

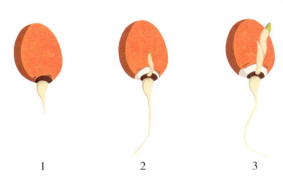

1. 幼根突破种皮；2. 幼芽向上，幼根向下；
3. 幼芽、幼根继续生长

高粱发芽（一）

当高粱种子萌发，胚根发育成幼根从种子中破壳而出，并向下而生。高粱所谓的幼根，也叫做临时根，是细细长长的一条，它的主要作用就是吸收土壤中的水分和养料，为幼芽拱土和幼苗成长所用。从名字上我们就可以看出，这条根发挥的作用应该支撑不了高粱一生的成长。当幼苗长出了叶子，并生出了茎秆，幼苗便慢慢长出另外一种根——永久根。这个时候，临时根提供的水分和养料已远远不能满足高粱生

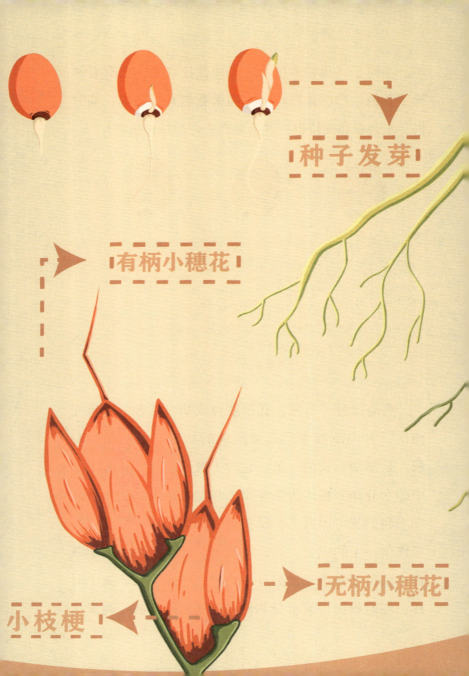

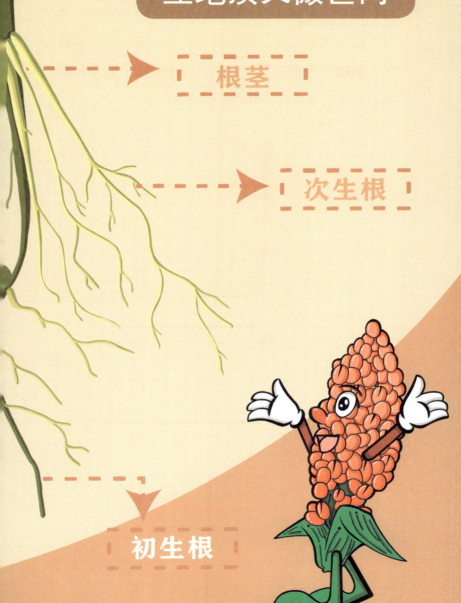

长的需要了，其作用空间不断缩小，也就逐渐失去了存在的价值和意义。临时根完成自己的任务，其作用便逐渐被永久根所替代，临时根便完成了高粱所赋予它的历史使命，自动退出了历史舞台。

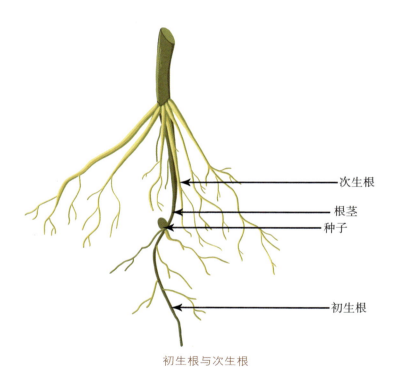

初生根与次生根

随着幼苗的生长,从地下和地上基部各茎节的基部不断地产生次生不定根,有着非常明显的层次,它们构成高粱根系的主体,这就是我们常说的永久根。它可以一直维持到高粱走完自己的一生,因此我们也叫它维持根。与临时根不同,它不是只有细细长长的

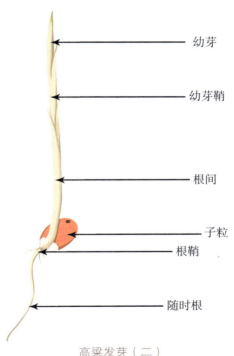

高粱发芽(二)

一条,而是像纤维一样满满地吸附在地表上下茎秆的周围,并淹没于黑暗的土壤之中,承担了为高粱提供水分和养料的重任。

当高粱抽穗①之后,在茎基部的一至三节的位置还会长出另外一种根,也就是支持根。支持根虽然是由地上节处长出来的,但它同样具有向地性,而且特别粗壮,这就是高粱的支持根,在深深扎入土壤之后,它可以使高粱高大的茎秆面临疾风劲雨而不倒,为高粱提供强大的抗倒伏能力,在一定程度上也分担了吸收水分和营养的作用。由于这种根长在地上部分,通俗也称它为地上根。

高粱的临时根不发达,而永久根较发达,层次也多,由此发出的侧根和细根也多,再加上较为粗大的支持根,共同构成了高粱庞大强壮的纤维状须根系。我们可以看到,无论是何种形态、处在哪种位置,没有一种高粱的根是多余的,都有着独特的价值和作用。临时根为高粱幼苗提供了适量的水分,保障了幼苗的健康成长;永久根分布面积较大,其触角深入土

---

① 抽穗,是禾谷类作物(水稻、小麦、玉米、高粱等)发育完全的穗,随着茎秆的伸长而伸出顶部叶的现象。

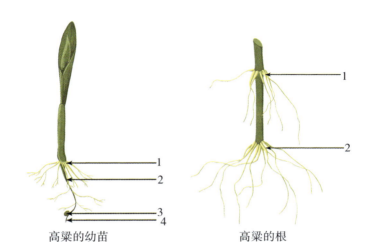

高粱的幼苗	高粱的根
1.永久根；2.根间；3.种子；随时根	1.支持根；2.永久根

幼苗与根

壤的四面八方，能从土壤中吸收大量的水分和养料，这也是高粱抗旱能力较强的重要原因之一；而支持根的存在能帮助高粱茎秆向阳而生，支撑着高粱高大的身躯不为狂风所折而弯腰。因此，无论是临时根、永久根还是支持根，在高粱成长的一生当中，都为高粱的苗壮成长付出了巨大的代价，发挥了无可替代的作用。

2. 直挺脊梁

高粱挺直的茎秆托起了沉甸甸的穗子，随风摇曳，煞是好看，呈现出壮观的场景，而这都是高粱茎秆在发挥中流砥柱的作用。高粱的茎秆又称茎，表皮坚硬，颜色为绿色兼褐，直立向上生长。高粱茎秆的株高因品种不同，一般从不足0.5米到5米不等，变异幅度较大，这也是其他禾本植物不具备的特点之一。曾经某地的一株高粱，株高达到不可思议的5.7米。其实，一些高粱的品种，在生长环境良好的情况下，株高达到5米以上并非罕见。此外，高粱茎秆的粗细也不大相同，茎基部的直径一般大概在0.5~3厘米不等。

高粱茎秆是由节和节间组成的，节是叶鞘围绕茎秆着生[①]的地方，稍为隆起。节间顾名思义，就是两个节之间的部分，多为圆柱形。高粱茎秆的节数因品种和熟期不同而异，节数与叶数相等，一般在10~30节左右的范围，是较稳定的遗传特性。当然，由于光照因素的影响，相同的品种在南方比北方要少上5~6节不等。如果见过高粱的话，你会发现，同一株高粱上的各节间的长度亦不相同，一般是基部（茎与根交界的

---

① 着生，附着在某处生长。

1. 节；2. 节间；3. 腋芽；4. 不定根原基；5. 上一片叶子叶鞘；
6. 下一片叶子叶鞘；7. 生长轮；8. 根带

部分茎叶的外形

部分）的节间短，越往上越长，最长的节间是着生高粱穗的穗柄。高粱茎秆里面充满着心髓，其颜色因品种不同而不尽相同，有的发白，有的略带褐色。

　　拔节后的节间表面覆盖着白色蜡粉，节间越往下，蜡粉越多，白白的蜡粉覆盖了整个节间，甚至很难让人看清楚节间原本的颜色。别小看这些蜡粉，它们是表皮细胞的分泌物，可是有大作用呢！这些蜡粉不但能减少高粱水分的蒸发，而且还能防止外部水分

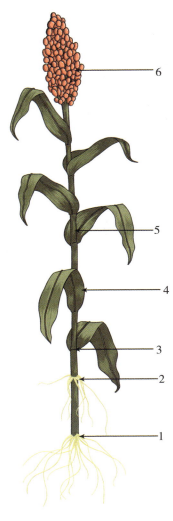

1. 次生根;2. 支持根;3. 分叶;4. 叶片;5. 节;6. 穗

高粱的茎秆和分叶

的浸入，这也是高粱耐旱耐涝的重要保证。有人要问了，高粱的茎秆能吃吗？当然了，甜高粱的茎秆脆嫩多汁，含糖量较高，自然受到很多人的喜欢，有不少人把它当甘蔗来吃呢，人们亲切地称它为甜秫秸或二甘蔗。当然，有的茎秆心髓水分较少，干燥而无味，比如帚用高粱等。

高粱茎秆

有趣的是，如果土壤肥沃、水分充足或主茎生育受阻、受损的时候，高粱茎基部会长出许多新的幼苗，农业上把这种情况成为分蘖。直接从主茎基部分蘖节上发出的称一级分蘖，在一级分蘖基部又可产生新的分蘖芽和不定根，形成次一级分蘖。在条件良好的情况下，可以形成第三级、第四级分蘖等。结果一株高粱可以形成许多丛生在一起的分枝。当然，由于分蘖需要损耗掉一定的水分和养料，影响到主茎干的生长发育，而且分蘖常常只能抽穗或开花，并不能正常成熟。因此，为提高产量，人们一般在苗期就会将分蘖去掉。不过，在一些气候条件适宜的地区，成熟的高粱茎秆被收割之后，就会长出新的分蘖，从而可以在同一块土地上连续生产高粱，人们称之为再生高粱。这种高粱分蘖能力强，生长旺盛，茎内多汁，再生能力很强，其茎叶产量高，常用作青贮饲料。

3. 长叶互生

说到高粱的叶子，就不得不提到高粱在长叶子时，有一个比较显著的特点，就是最初出土的叶子只有一片，接着再生第二片、第三片……就这样长到茎的顶端生出花序时,茎秆上已经分两排交互排列着很多又长又宽的叶子,这叫互生叶片。当然,也有不少品种叶片两排排列不是在相对位置上的。

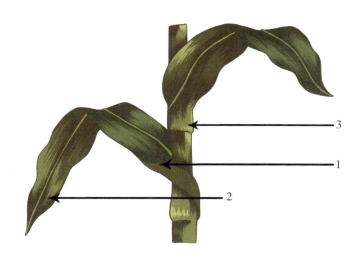

1.叶舌;2.叶片;3.叶鞘
叶的结构图

高粱叶由叶片、叶鞘及其相连接的节结和着生于叶结上的叶舌组成。高粱叶片的上下表皮组织紧密,分布的气孔体积较小。高粱作为抗旱耐涝的明星植物,有着保护自己的独门绝技。进入拔节期以后,叶面也会生出一层白色蜡粉,可以起到避免水分流失的作用。叶的两面有单列或双列气孔，气孔较小水分就蒸发得少。叶上有多排运动细胞，在干旱的情况下，这些细胞能使叶片向内卷起，起到以减少水分蒸发的作用。高粱的叶片数目因品种而不同，从7~30片不等。在多数品种里，幼叶发直，老叶会相对卷曲。叶片长度大概在30~135厘米之间，最宽的叶片将近13厘米。幼叶的边缘稍显粗糙，成熟时叶片的边缘则变得较为光滑。叶的中间，有一根很明显的叶脉，叫作主脉，颜色一般为绿色、黄色和白色等。如果你细细观察，在主脉的周围，有很多平行的支脉，越靠近边缘越细。

叶鞘着生于茎节上，边缘重叠，几乎将节间完全包裹。这些叶鞘在连续节上交替环绕。叶鞘长度不同，在15~35厘米之间。叶鞘是光滑的，有平行细脉，有一精细的脊，这是由于与主叶脉互相接近所致。叶鞘中的薄壁细胞，在孕穗前后破坏死亡，形成通气的空腔，与根系的空腔相连通，有利于气体交换，增强耐涝性。拔节后叶鞘常有粉状蜡被，特别是上部叶鞘。当这种蜡被淀积很重时，叶鞘则表现出青白色。在与节连接的叶鞘基部，有一带状白色短绒毛。叶鞘有防止雨水、病原菌、昆虫及尘埃危害茎秆，以及加固茎秆，增加茎秆强度的作用。叶结是叶片和叶鞘交界处的带状组织。叶结上有保卫茎秆的膜状薄片为叶舌。叶舌较短小，为直立状突出物，长1至3厘米。叶舌起初是透明的，后变为膜质并裂开，叶舌上部的自由边缘有纤毛。叶舌可是有大作用呢，它能使叶片和茎秆保持一定的生长角度，有利于高粱的健康生长。

叶片长到一定时期会陆续自下而上地黄化枯萎，这样就可以节省很多的养料和水分。当然，为了加快这一进程，保证高粱果实养料和水分的充足，在高粱抽穗开花的时候，人们会主动打掉高粱叶子，人为地摘掉高粱茎秆中下部的叶子，只保留顶部的三四片，这样既可以避免病虫害的威胁，减少茎秆的载重量，又可以使高粱穗更充分地享受根茎供给的营养和水分，从而为高粱的快速成熟创造良好的条件。需要提醒的是，打高粱叶子时一般天气比较炎热，要是不注意的话，在密不透风的青纱帐里很容易中暑晕倒。此外，再告诉大家，据中医有关书籍记载，高粱的叶子具有和胃止呕功效的功效，可以用于治疗胃病哦！

4. 花开为穗

春播的高粱，到了夏末秋初，高粱的茎秆顶端就会长出复总状花序，即圆锥花序，这就是所谓的抽穗。高粱穗中间有一明显的直立主轴，即穗轴。穗轴有棱，由4~10节组成，一般生长有细细的绒毛。从穗柄长出第一级枝梗，通常每节轮生长出5~10个，从

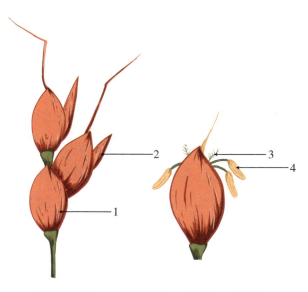

1. 无柄小穗；2. 有柄小穗；3. 雌蕊；4. 雄蕊
高粱的小穗及籽粒

第一级枝梗再长出第二级枝梗,有时还长出第三级枝梗。小穗就着生在第二、第三级枝梗上。由于各级枝梗长短不同、软硬不同、和小穗着生疏密程度不同,还可将高粱穗分为紧穗、中紧穗、中散穗和散穗等4种穗型。

高粱穗的分枝上成对着生小穗,成对小穗中,较大的是无柄小穗,较小的是有柄小穗,位于无柄小穗一侧。无柄小穗有2个颖片,形状呈卵形、椭圆形、倒卵形等,颜色有红、黄、褐、黑、紫、白等,多数发暗,少数有光泽。下方的颖片称为外颖,上方的颖片称为内颖,外颖、内颖长度几乎相等,但一般是外颖包着内颖的一小部分。有柄小穗位于无柄小穗的一侧,形状细长,一般由两个颖壳组成,有时有稃[①]。

无柄小穗里有两朵小花,较上面的一朵花发育完好,为可育花,也叫完全花;较下面的不育,不能结实,为退化花,只由一个稃组成,形成一个宽的、膜质的、有缘毛的、相当平的苞片。可育小花有一外稃和内稃,均是膜质,外稃较大,内稃小而薄。在内外稃之间有3枚雄蕊和1个雌蕊。雄蕊由花丝和花药组

[①] 稃,植物的花外面包着的硬壳。

1. 有柄小穗花（退化花）；
2. 无柄小穗花（结实花）；
3. 小枝梗

小枝梗上的小穗花

成。花丝细长，顶端生有2列4室筒状花药，中间有药隔相连。雌蕊由子房、花柱、柱头组成，居小花中间。子房上位，卵圆形，上侧方有2个长花柱，末端为羽毛状柱头，它可分泌黏液以利授粉。退化花之所以不能结实，就是因为没有雌蕊。

高粱的花朵通常还没有到开放的时候，就自行授粉，称为自花授粉。之后，高粱花的内外稃分裂开来，雌蕊的带软毛柱头露出花外，雄蕊的细长花丝上挂着花药，随风而动，花粉散落。幸运的是，如果雌蕊这时候还没有受粉，就有可能凭借风的一臂之力而得以受粉，这被称为他花授粉。

高粱抽穗后，大概四五天左右，花朵就会渐次地、自上而下地、下降式开放，由穗的上部到中部，然后再到下部。从花开到花谢，大概三四天到七八天不等。需要说明的是，所谓花开到花谢，就是指整个花序的花全部开放的时间，而每一朵花开放的时间也就一个小时左右。当然，因生长的环境不同，开花时间的长短也是有变化的。

5. 穗孕籽粒

秋高气爽的时候，也是迎来春种高粱果实成熟的时刻，这也是农民辛苦一季最大的希望。高粱抽穗后不久，便开花受精，受精后子房逐渐膨大，经过灌浆充实，发育形成高粱籽粒。随着养分的不断充实，最后形成成熟的籽粒。高粱籽粒成熟过程可分为乳熟期、蜡熟期和完熟期三个阶段。乳熟期植株制造的光合产物迅速向籽粒运输,籽粒内含物由白色稀乳状慢慢变为稠乳状。蜡熟期籽粒含水量显著降低,干物质积累速度转慢,干重达到最大值,胚乳由软变硬,呈蜡质状。完熟期的籽粒干硬,呈现本品种固有色泽,此时便是带杆收割的最适时期。因为后期果实会自然脱落,而且鸟儿也会啄食籽粒,如果不及时收割,产量就会受到一定程度的影响。

其实,高粱籽粒生长的整个过程中,都会面临鸟

生长完全的高粱穗

鸟儿啄食高粱

儿的大量啄食,使籽粒破损并发霉,同时传播各种病虫害,造成不同程度的减产。因此,为了提高高粱的产量,人们从古代就开始跟鸟儿斗智斗勇。从早期的人工驱鸟,到驱鸟剂的使用,再到当代基因工程的实施等等,这一系列手段的实施,无一不展现出人类的智慧。

在我国北方有一句话:"白露砍高粱,寒露打完场。"说的是高粱必须在白露时期就开始收割。不过由于品种特性,不少种类的高粱在白露之前就已经收割完毕了。籽粒成熟期间,昼夜温差较大,有利于增加粒重。因白天温度高,光合作用强,制造的有机物就多,夜间温度低,呼吸消耗减弱,这样光合产物的积累多、消耗少,供籽粒灌浆①的物质较多,因而籽粒饱满。同时,籽粒在形成过程中还要求充足的光照条件,以利增加光合积累。在灌浆期间保证充足的水分、养分供应,不仅能延长绿叶寿命,保持根系旺盛活力,防止植株早衰,使光合作用维持在较高的水平,而且可增进籽粒灌浆强度,使粒重与产量显著提高。

高粱籽粒习惯上被称为种子,属颖果②。籽粒色泽

---

① 灌浆,通俗讲就是种子成长变饱满的过程,是农作物将光合作用产生的淀粉、蛋白质和积累的有机物质通过同化作用将它们储存在籽粒里的一个阶段。
② 颖果,指只含一粒种子,成熟时果皮与种皮愈合在一起,不能分离的一种闭果。颖果是禾本科植物的一个重要特征,如水稻、玉米、小麦、大麦、燕麦、高粱、小米等粮食作物的果实都是颖果。

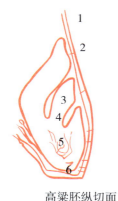 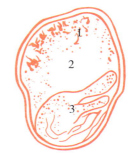

高粱胚纵切面
1. 果皮；2. 种皮；3. 幼芽；
4. 幼茎；5. 幼根；6. 根鞘

高粱籽粒纵切面
1. 角质胚乳；2. 粉质胚乳；
3. 胚

胚与籽粒纵切面

有黄色、红色、黑色、白色或灰白色、淡褐色五种，多为红、白二色。成熟的高粱籽粒大小是不一样的，一般用千粒重来表示。成熟籽粒的结构可分为果皮、种皮、胚乳和胚等四部分。果皮由子房壁发育而来，包括外果皮、中果皮和内果皮。种皮沉积的色素以花青素为主，其次是类胡萝卜素和叶绿素。一般淡色种子花青素很少或没有。种皮里还含有单宁，单宁既可以渗到果皮里使种子颜色加深,也可渗入胚乳中使之发涩。胚乳中的淀粉分为直链淀粉和支链淀粉,这也是粳高粱和糯高粱的根本区别。

四、春种秋收只为实

1. 整理土地

虽然高粱是农作物中的典范,但要想高粱有更高的产量,其种植远没有我们想象中的简单。前面我们提到过,高粱起源于非洲,分布于全世界热带、亚热带和温带地区,我国南北各省区均有栽培。尽管高粱对环境没有苛刻的要求,但是适宜的温度、适量的水分、充足的光照和肥沃的土壤都能给高粱营造良好的生长环境。

想要取得好成绩,就要扎扎实实地学好"开学第一课"。种植高粱同样如此,我们的初步准备工作就

是要整理好土地。中国有句古话说得好："工欲善其事，必先利其器。"高粱对土壤的适应能力虽然较强，但要想栽培出茁壮的高粱，必须要首先整理好土地，为高粱生长提供良好的土壤条件。

整地当然是丰收后的事情，整地措施主要有秋耕、春耕等。为什么要进行秋耕呢？因为秋收以后，地面上除了存留的根株以外，还有大量的杂草籽粒。各种害虫的卵、幼虫、蛹和病原菌的孢子，在根株上、杂草上或土壤表面越聚越多。由于耕作、雨水和生物的作用，土壤表面向下约10厘米深的土壤结构遭受破坏。随着作物的收割，土壤中的水分迅速地蒸发、损失，土壤很快变得干燥。通过耕地，犁过的土地中土壤间隙增大，透气性好，水和空气能够很好地进入土壤中，并且能够很好地保留下来，害虫的卵、幼虫、蛹等都被翻出土面，要么被鸟儿吃掉，要么被寒冬冻死。春耕时气温还比较低，犁地可以杀死一部分藏在土壤中越冬的害虫，可以减少春播时土壤中害虫对种子的破坏。

此外，耕地可以促进有机物的分解，从而产出更多的养料。犁地还可以使土质松软，更加适合作物根的生长和养分吸收，这都为栽种高粱奠定了良好的基础。

高粱对土壤的要求不严格，比较耐瘠薄，可种于待熟化的生土地块，黏土、坡土或砂土地均能种植，但以肥沃而疏松、排水良好的壤土最为理想。由于品种不同，高粱对土壤要求也有明显差异。需要注意的是，高粱需肥量较大，会消耗土壤中大量的营养元素，对土壤结构的破坏比较严重，需要和其他作物轮作，重茬①会导致减产。干旱时期，高粱重茬地的水分状况明显不如其他土地，而且重茬后高粱病虫害会加重，因此造成重茬的高粱减产。重茬的地块，病虫害会比较严重，特别是几种黑穗病发生较多。这些黑穗病病原孢子遗留在土壤中，重茬和迎茬②时，容易侵染种子而使高粱发病。高粱炭疽病等叶部病害也易由残株病叶传染，这些因素都会导致高粱的严重减产。

因此，为获得高产，高粱的前茬最好是大豆，其次是施肥较多的小麦、玉米和棉花等农作物。据有关机构研究，玉米混作大豆时，地上部分带走的养分较

---

① 重茬，也叫连作，是指在一块田地上连续栽种同一种作物。
② 迎茬，就是同一块地里隔一茬再种相同的作物。

黑穗病　　　　　炭疽病

少，有利于提高高粱的产量。当然，由于各地的生态、生产和经济条件有所不同，在轮作的时候要有所区别。

2. 播下希望

土地整理好之后，就要考虑播种了。高粱的选种主要考虑自然因素和经济因素。为了能使来年的高粱产量能符合人们的期待，所选用的高粱种子必须经过严格的筛选，因为不是每一粒高粱籽粒都适合当种子。要实现一次播种一次全苗，达到苗齐苗壮的效果，提高出芽率，那些小粒、瘪粒、病粒都要被淘汰掉。只有大粒、籽粒饱满的种子才可以用来做生产用种，而且选好的种子要在晴朗、温暖的天气中晾晒三四天，这样就能增强种皮对水分和空气的渗透性，促进酶的活性，这样高粱的发芽率就会又提高不少，而且出苗也会早上那么一两天。

为了保障所选的种子能达到理想中的效果，防止高粱种子携带病菌和病虫的危害，播种前还要对种子进行处理，用药剂进行拌种，这样就能一定程度上减少病害和虫害。20世纪70年代，中国采用种子包衣技术对种子进行处理，按一定比例将含有杀虫剂、杀菌剂、复合肥料、微量元素、植物生长调节剂、缓释剂和成膜剂等多种成分的种衣剂均匀包覆在种子表面，形成一层光滑、牢固的药膜。随着种子的萌动、发芽、出苗和生长，包衣中的有效成分逐渐被植株根系吸收，并传导到幼苗植株各部位，使种子及幼苗对种子带菌、土壤带菌及地下、地上害虫起到防治作用。药膜中的微肥可在底肥借力之前充分发挥效力。这样就起到保苗、壮苗和防治病虫的作用，就为高粱的增

高粱种植流程

1

药剂拌种

2

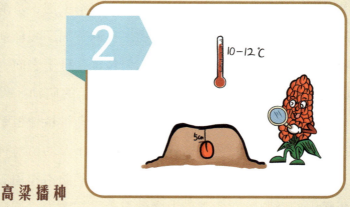

高粱播种

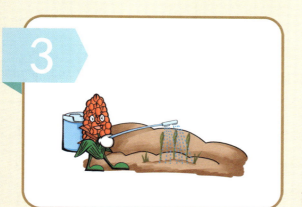

苗期

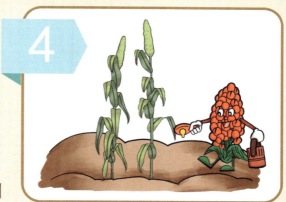

中期

后期

产增收上了第一道保险。

高粱的播种期受许多因素影响,但主要是温度和水分。一般以土壤5厘米处,地温稳定在10~12摄氏度以上时播种为宜。同时,确定播种期还要看土壤墒情。根据温、湿条件确定高粱播种时期。播种的时候,要播量适宜均匀,播行齐、直,播深合适。一般播种深度以3~5厘米为宜。此外,应适时进行镇压保墒。

3. 劳在田间

高粱能否稳产高产,跟田间管理质量的好坏不无关系。农民常年累日忙活在田间地头就是为了能有一个好收成,但他们可不是播种后就撒手不管,静待结实了。这中间要付出很多的努力,间苗、中耕、除草、追肥、灌溉、防病、治虫,以及防御旱、涝、低温、霜冻等自然灾害,以保证高粱的正常生长发育,哪一样都离不开人的辛勤劳动。

在苗期,为促进根系发育,可适当控制地上部分的生长,通过破除土表板结、查田补苗、间苗与定苗、中耕除草或化学除草、除去分蘖等,达到苗全、

高粱生长过程

苗齐、苗壮的目的,为后期的生长发育奠定基础。苗期需水量较少,一般适当干旱有利于蹲苗,除长期干旱外一般可以不进行灌水。

进入中期,也就是拔节至抽穗期,要进行追肥、灌水、中耕、除草、防治病虫害等,协调好营养生长与生殖生长的关系,在促进茎、叶生长的同时,充分保证穗分化的正常进行,为实现穗大、粒多打下基础。高粱拔节以后,需水量迅速增多。由于营养器官与生殖器官生长旺盛,植株吸收的养分数量急剧增加,是整个生育期间吸肥量最多的时期,其中幼穗分化前期吸收的量多而快。因此,通过追肥改善拔节期的营养状况十分重要。高粱虽然有耐涝的特点,但长期受涝会影响其正常发育,容易引起根系腐烂,茎叶早衰。因此在低洼易涝地区,必须做好排水防涝工作,以保证高产稳产。

到了后期,也就是进入抽穗至成熟期,要通过合理灌溉、施攻粒肥、喷洒催熟植物激素或生长调节剂等方式,以保根养叶、防止早衰、促进早熟、增加粒重。这一时期,籽粒体积能否达到最大值与土壤水分和植株体内水分含量有很大的关系。因此,保持植株的含水量显得尤为重要。

需要提醒的是,高粱对化学药剂十分敏感,无论是喷洒矮壮剂、健壮素、助长剂,还是杀虫剂和催熟剂等,如果掌握不好用药品种、时间、浓度和方法的话,很容易给高粱带来致命的危害,因此在使用时一定要慎之又慎。

4. 奇妙自卫

地球上形形色色的植物,产生了多种多样的化学物质。有些化合物是维持植物生命活动所必需的,如糖、酶、蛋白质等。而植物的许多代谢产物却似乎与其生命活动无关紧要,于是被称为次生代谢产物,如各种生物碱、菇类等。研究发现,这些看似无用的化合物却在植物长期进化、适应环境中扮演着重要角色,并可能是进化的潜在动力,其中某些化合物可抵御外来入侵和捕食者,有的可抑制其他植物,使自己在生物世界的竞争中处于有利的地位。高粱就有一个绝妙的化学防卫系统。

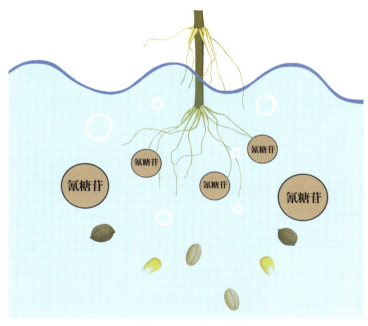

高粱的化学防卫趣味图

人们常说，高粱的茬口①不好。除了水肥因素外，主要是由于高粱根系可以分泌出对其他植物产生毒性的化合物。有人做过实验，用高粱根浸液浸泡过的其他种子，在发芽时，嫩芽的正常发育就会受到严重抑制，初生根生长缓慢，变得畸形，幼苗株高几乎不到正常的一半。专家通过进一步研究发现，高粱根液中含有较多生氰糖苷，这种物质的毒性特别强。有研究者从中还提取到另一种毒素，可使狗尾草等多种杂草幼苗生长受阻。这些化合物破坏了杂草和其他作物体内细胞膜的渗透性，导致植物生理中毒，正常生长受抑制，而对高粱本身产生的影响却微乎其微。因此，利用高粱根中这些化合物的特性，通过合理轮作，能起到良好的除草效果。

植物的幼苗阶段，是抵御不良环境因素能力最弱的时候。高粱氮代谢过程中能生成一种生氰糖苷，生氰糖苷不仅存在于根须部分，它的茎秆和叶中含量也比较高。当它进入动物的胃肠后，会分解产生剧毒的氢氰酸（HCN），氢氰酸被吸收后，会导致细胞的呼吸链中断，严重的会导致动物出现心律失常、肌肉麻

---

① 茬口，指轮作作物的种类和轮作的次序。

高粱的自我保护

痹和呼吸窘迫等症状,很小的剂量就可以毒死一头成年牛。生氰糖苷在高粱幼苗的叶片中含量为最高,植株顶部的含量高于基部,成熟时生氰糖苷便逐渐消失。这样,它就能减轻食草动物对自己的危害,从而保护自身的生长与繁衍。

高粱的种子裸露在植株顶部,灌浆期最容易受到鸟类的侵害。高粱种皮中的单宁,具有收敛性苦涩味,可降低蛋白质的消化率,引起动物消化道便秘。

当籽粒中单宁含量超过0.5%时,鸟类对高粱的啄食就明显减轻。但单宁含量过高,也影响人类的利用。聪明的农学家经过研究,选育出单宁含量在灌浆期高、成熟期降低的品种,既可抗鸟害,又有利于人类。所以说我们人类在面临问题和挑战时,创造力总是无穷的。

最妙的是高粱具有抗某些真菌的自卫能力。科学家发现,当一个真菌孢子落在高粱叶片上,叶子中会立即产生一种毒素包含在极细小的小泡中,小泡移至孢子降落点即破裂,放出毒素,杀死真菌和含小泡的叶细胞。就这样,高粱就以极小的代价,消灭入侵者,对本身的正常生长也不会造成损害。

5. 秋实满盈

硕果累累的秋天,到处洋溢着透着丰收的喜悦。然而高粱的收获也是一场"激烈战斗",农民一般用"抢收"二字去形容它,一是怕高粱成熟后会掉落;二是怕天气不好影响收割,如果遇到坏天气,有可能就会遭受巨大的损失。在整个收获过程中,从适时收获、晾晒,到脱粒、干燥,包括中间操作环节等,都有可能影响到高粱的丰产丰收。蜡熟末期是高粱籽粒中干物质含量达最高值的时期，这个时候收割高粱最为适宜。过早收获，籽粒不充实，粒小而轻，产量低；过晚收获，籽粒会因呼吸作用消耗干物质，使粒重下降，并降低品质。因此，应根据籽粒成熟的生物特征、籽粒的用途和天气状况综合来确定适宜的收获时期。

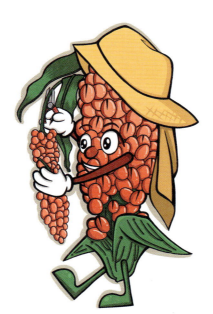

传统收割高粱图

春种秋收只为实

定好了收获日期,用什么办法去收割呢?古人对一些农作物的收获方式有专门称呼。如收麦子、小豆、荞麦曰"挽",收黑豆曰"扑",收谷子曰"割",收高粱曰"斫",类似于"砍"。高粱植株高大,茎秆粗壮,所以收割名称用"斫",取穗为"牵"。过去,人们常采用人工的方式用镰刀手工割收,有带穗收割的,连秆和穗一起收割。有的是扦穗收割,先将高粱穗扦下,进行晾晒,以备脱粒,然后再收获茎秆;还有的是连根刨收,连根一起收割,然后再分别进行扦穗和捆扎秸秆。现在随着工业和农业技术的发展,人们可以利用机械进行收割,

高粱穗看起来像芦苇,高粱籽粒就藏在那个大穗子里,想要把这些籽粒弄出来,并没有想象中的容易。当收获的高粱穗经过充分晾晒,完全干透后,就可以进行下一步操作了,那就是脱粒。历史上,人们常采用人工脱粒和畜力脱粒的方式。在电视里大家可能看到过这样的镜头,人们围绕在一起,手里都拿着一个个高粱穗进行反复摔打,直到把绝大部分高粱籽粒摔打出来,当然这种方式效率比较低下,而且劳动强度比较高。可是聪明的古人怎么会被束缚手脚呢,

高科技高粱收割器械

他们便制作了脱粒用的农具，从而提高脱粒的进度。当然，条件好的会采用畜力脱粒的方式，把高粱穗平铺在脱谷场，然后用畜力拉石碌进行碾压，直到脱粒干净为止。后来，有了小型拖拉机之后，机器就替代了畜力。

到了现在，人们有了更加先进的机械，如大型高粱脱粒机，这种机器效率非常高，脱粒也非常干净，而且会根据高粱穗的干湿程度和籽粒大小，适当调整滚筒的转速和筛孔的大小。同人工收获相比，机械收获有着巨大的优势，不但效率高，而且损失少。在收

采用脱粒机将高粱脱粒

获的过程中，机械可以进行切割、集束、放铺等操作，有些先进的农业机械，可以一次性切穗、脱粒、扬净和运输工作，节省了人们大量的精力和时间。

　　脱粒过的高粱籽粒要进行贮藏。存储可是一门大学问，如果贮藏不当，籽粒就会发霉变质。虽然高粱籽粒果皮有防霉作用，有利于储藏，但高粱往往含有杂质过多，溶剂导致籽粒吸湿，妨碍气体交换，且有利于微生物和害虫的繁育。尤其是在北方，由于气候原因，高粱籽粒不容易干燥，往往水分含量比较高，因此贮藏起来十分不易。因此，在贮藏的时候一定要做好干燥、除杂等工作，并进行低温密闭储藏，这样就基本能保证高粱高枕无忧了。

五、妙用无双皆是宝

1. 食药同源

高粱作用独特，自走入人类的视野就开始扮演了极其重要的角色。高粱脱壳后的高粱米集营养价值和药用价值于一身，除了可食用外，还具有和胃、消积、温中、涩肠胃、止霍乱的功效。

从营养价值上来看，高粱米中的蛋白质以醇溶性蛋白质为多，色氨酸、赖氨酸等人体必需的氨基酸较少，是一种不完全的蛋白质，人体不易吸收，吃多了容易消化不良。因此，民间常将高粱米与其他粮食混合到一起进行食用，在进一步提高营养价值的同时，

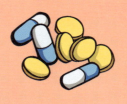

妙用无双皆是宝

也有效降低了高粱米的副作用。但是高粱米也有自身独特的作用。虽然高粱米中尼克酸（维生素B_3）含量不如玉米等其他谷物多，但却能很好地为人体所吸收，因此以高粱为主食的地区很少发生癞皮病①。高粱米含有矿物质与维生素。与玉米相比，其矿物质钙、磷的含量与玉米相当，维生素B_1和维生素B_6含量与玉米相同，泛酸、尼克酸、生物素含量多于玉米，但烟酸和生物素的利用率低。高粱米脂肪含量为3%，略低于玉米，脂肪酸中饱和脂肪酸也略高，亚油酸含量也较玉米稍低，加工的副产品中粗脂肪含量较高，籽粒中粗脂肪的含量较少，仅为3.6%左右。

高粱有很大的药用价值。据《本草纲目》等文献中记载，高粱温中，涩肠胃，止霍乱。粘者与黍米功同。中医认为，高粱粒味甘、性质温和、带涩味，主要是健胃防止积食的作用，可以治疗积食不消化、体内湿气重，浮肿、脾胃虚弱的问题。改善一些小便不利的情况，有清热效果。一些医书记载，高粱籽粒有解毒、止渴、补气、凉血功效。现代医学表明，在稻

---

① 癞皮病，又称糙皮病、烟酸缺乏症，是一种维生素缺乏性疾病，典型临床表现为皮炎、肠炎、精神异常等等。

米、面粉中加入适量的高粱米或高粱面,能有效防治高血压、糖尿病、肠道疾病、心脑血管疾病,起到食疗的作用。高粱米中富含镁元素,可以调节人体心肌活动,促进人体纤维蛋白的溶解,减少心血管疾病的发生。高粱米富含钙,钙是构成人体骨骼和牙齿的主要成分,对人体正常的生理活动起着重要的调节作用。高粱米的某些营养成分能间接调节血糖,食用高粱米等粗粮后吸收缓慢,能够延缓血糖升高的速度。

加入适量的高粱米或高粱面可有效防治

高血压
糖尿病
肠道疾病
心脑血管疾病

高粱的食疗作用

2. 花式食法

　　高粱米自古以来就是中国农民的口粮。传统高粱食品种类很多，做法、吃法都很丰富，以高粱米为原料可以做出花式多样的高粱食品。历史上高粱米曾是东北城乡人民的主要食粮之一，可以做米饭，也可磨粉，制作各种面食。至今在北方某些地区，仍有许多

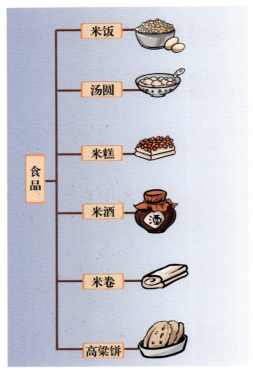

高粱的花式食用

以高粱米为原料的传统食品，如高粱米饭、高粱粥、高粱饼糕等。根据原料和做法的不同，可以将高粱食品简单分为三种类型，即米制食品、面制食品和膨化食品等。山东著名特产高粱饴，就是以高粱粉为主料制作而成的软糖，深受人们的喜爱。

清明时节，各地还有不同的饮食习俗。比如江南一带，人们清明会吃含有高粱面的青团。山东的一些地方，人们会选择在清明节吃鸡蛋和冷高粱米饭，据说不吃的话会挨雹子打。带着清香的高粱米饭，虽然是最简单的粗茶淡饭，但却是很多人忘不掉的味道。

以高粱为原料制作不同的食品

农历七月初七,南方部分地区还有吃高粱汤圆的习俗。高粱汤圆的制作工序非常简单,先将高粱穗割下来,放在太阳底下暴晒一天,再把已经松散的高粱籽粒甩下来。洗净后放在清水中浸泡,混上糯米粉等材料一起揉成汤圆,高粱汤圆甜中带香,还带着微微的苦涩,有着市面上纯糯米粉汤圆所没有的味道。

在国内,米制食品有米饭、米粥等,面制食品有窝头、面条等。而高粱作为主食,形态有高粱米和高粱面。高粱米主要用来煮成干饭和稀粥等,高粱面可以做成窝头、烙饼、面条等各种面食。这些面食素有民族传统风味,深受各地群众的欢迎。用高粱面制成的膨化食品是近些年来开发的一种休闲食品,这些产品经膨化后,口感松脆,食味得到改善。此外,由于高粱面中的淀粉在膨化过程中被糊化,也容易消化,有利于营养吸收。

在高粱米众多做法中,最令人难以忘记的也许就是高粱面做的窝窝头了。为了赞美高粱窝窝头,古人曾写出遐迩闻名的《窝窝辞》:"吁嗟乎,窝窝兮,天地之所生,人力之所造,列五谷之班次,育一气之精奥。高粱为其质干,黄豆为其筋条。盘旋于乾坤之

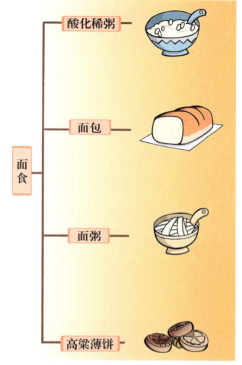

高粱面食

后,组合于坎离之交。里二外八兮,纤手成就;表实中虚兮,柔指运调。观其形似将军之帽,窥其色如状元之袍。类馒头而无底,似烧饼而太高。与米汤而共饮,蘸秦椒以逍遥。田舍翁之常食,穷秀才之佳肴。富贵以尔粗糙,吾辈与尔素交。子路有尔,不致愠见,颜之有尔,足共箪瓢。寒冬腊月,胜似羊羔美酒,价廉工省,不用茴香大料。啖其中之味,与众生偕老。"此文文辞含蓄,幽默风趣,对仗工整,行文流畅,使人陡然产生"极欲品尝"窝窝头的感觉。

在国外,尤其是在非洲和印度等高粱主产国家或部分地区,高粱仍是主要食物,也演化出多种食法。因品种的特性,不同高粱品种的籽粒可以用来烘烤、蒸煮等;而高粱米可以用来做米饭,煮粥等;未发酵的高粱面可以做面粥和薄饼;发酵的高粱面可以用来做面包和制作酸化稀粥。

需要注意的是,高粱米并不好吃,吃多了还容易

高粱米

胀肚子，可以说它是粗粮和杂粮的代表。因为高粱富含单宁，导致高粱味道苦涩，适口性较差。单宁又容易和蛋白质结合，生成不易消化的胶体，所以吃多了高粱面肚子容易发胀。如果有更好的选择，谁愿意把它当作每天的口粮来吃呢。除了口感欠佳，高粱在营养上也有一定的先天缺陷。它的蛋白质以醇溶蛋白为主，不易消化。此外，它的微量元素欠缺，色氨酸和赖氨酸的含量较低，远远不如现在口感细腻，易于消化的面粉、大米等。以上因素极大程度制约了高粱在主食中的应用。

斗转星移，时过境迁。随着人类生产能力的不断提高，高粱逐渐淡出了人们的餐桌。而今，人们讲究粗粮细作，注意营养均衡，高粱米主要用于熬粥或磨面，并与其他细粮、果蔬搭配食用，久违了的窝窝头也再次走上了人们的餐桌。在时下不少地方，人们外出就餐时，窝窝头甚至成为必点的一道主食，配以其他菜肴，妙不可言。只是其价值和意义早已与过去大相径庭，现在的窝窝头不再是饭食的"主角"，而成了人们调剂膳食结构、改善口味的一种"搭配"。

3. 青贮饲用

随着畜牧业的发展，对饲料饲草需求也激增，饲用高粱的应用极大程度上缓解了青绿、青贮饲料不足的问题。饲用高粱是指籽粒或茎叶适用于饲用的一类高粱，分为籽粒高粱和饲草高粱。籽粒高粱主要用作

作为饲料的高粱

配合饲料。高粱籽粒的可消化养分总量较高，较适于作为饲料来喂养家禽。有趣的是，由于高粱籽粒中含有单宁，具有收敛作用，用高粱籽粒喂饲幼禽可减少肠道疾病，提高幼禽的成活率，这可是帮了农民和养殖场的大忙呢！

而饲草高粱，指以地上部分的绿色茎叶作为饲草而栽培的高粱。通常来说，饲草高粱比籽实高粱株高更高，叶量丰富，成熟得晚一些，其产量比籽实品种要低一些。饲用高粱茎秆甜，适口性好，因此在国内也被称为甜高粱。

饲草高粱作为牧草、青饲草和干草，可以多次收割。要求绿色茎叶的产量高，再生能力强，柔嫩多汁，粗纤维含量少，粗蛋白含量高。此外，高粱还可作青贮用，多采用糖用高粱或粮饲兼用品种。要求高粱的茎叶繁茂，成熟时仍保持绿色，含有水分和养分较多。将茎叶切碎青贮，常年供饲。如高粱属的苏丹草和哥伦布草，苏丹草植株小，茎秆细，但是叶量更大，分蘖更多，而且再生速度更快，适合于放牧，制作干草或者青贮。哥伦布草生长快，可提供优质牧草，还可做优质的青贮，但因为植株要经过很长时间

作为饲草的高粱

才能干燥,因此不宜做干草。

　　随着饲草新品种在畜牧业生产中的利用,种植业与养殖业收获了巨大的经济效益,由此对高粱的研究越来越深入。高粱被引入华南、华中等地区,进一步扩大了种植面积。人们还将青贮技术运用于高粱上,为畜牧业提供了丰富的饲料来源,为保障人们充足的肉类供给发挥了重要的作用。

4. 工用广泛

在目前众多生物能源作物中,高粱品种之一的甜高粱以其独具的高含糖量、高生物产量、高乙醇转化率和高抗逆性,成为符合我国国情的理想生物能源作物,对保障当前粮食安全和能源供给具有重大意义。在工业领域,高粱应用的领域比较广泛,除了刚才提到的制糖外,还可以用来生产乙醇、造纸、做板材、做淀粉、做色素等,其中应用最广泛的就应该是制糖和生产乙醇了。

高粱甜秆(一)

高粱甜秆（二）

　　甜高粱作为普通高粱的变种，其茎秆内含有16%~27%的糖分，因而不失为理想的糖源。而且在收获糖的同时还能收获粮食，一举两得，因而许多国家把它当作糖料作物来种植。很久以前，中国就用甜高粱茎秆做糖稀了。美国在一战前就开始大量制造糖稀。近几十年来，各国开始用糖稀制作结晶糖。更让人称奇的是，用高粱生产的葡萄糖可以加工成焦糖，我们喝过的一些饮料就有用高粱生产的原料呢！

　　甜高粱含糖量高，可以用来制造乙醇。由于甜高粱的生产能力接近树木生产力的两倍，生物产量较高,加之甜高粱能适应广泛的种植条件,生育周期较短,对生存环境要求相对较低,耐旱性强,需肥较少,生产乙醇的成本相应就低不少。因此,不少国家和地区如巴西、美国和印度等,将之视为最有希望的再生能源作物之一。

高粱的茎叶是生产优质纸浆和板材的优质原料。高粱纸浆的强度很高,可直接加工成板材。高粱茎叶中含有14%~18%的纤维素,是很好的造纸原料,这对

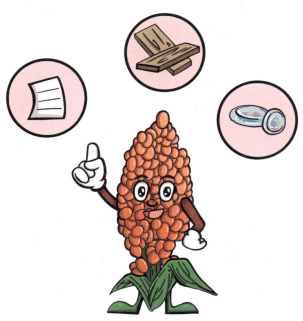

高粱茎叶的多种用途

追求"绿水青山就是金山银山"的当下来说极具生态价值和经济价值,为造纸业带来了新希望,对于节约木材、保护森林有着非常重要的作用。此外,由于糯高粱淀粉黏性强,工业上可用于造纸和纸板,食品上可以用于做结冻状食品。你吃过的水果馅饼很有可能就使用了糯高粱淀粉哟!

高粱籽粒及外壳、茎秆的多种用途

高粱籽粒及外壳、茎秆等各部位含有不同颜色的色素，尤其是高粱籽粒的外壳，是提取色素的好原料。如高粱红色素就是从高粱籽粒外壳里提取的天然色素，其无毒无特殊气味，色泽良好，人们可以用于饮料、糕点等食品，也可以用于口红、洗发水等洗化用品，也可以作为着色剂用于制作糖衣药片和药用胶囊。我们穿的衣服也有可能是用高粱红作为染料染的呢！

5. 艺在民间

《王祯农书》中曾这样描述高粱："蜀黍，穗大如帚，其粒黑如漆，如蛤眼。熟时收刈成束，攒而立之。其子作米可食，余及牛马，又可济荒。其梢可作洗帚，秸秆可以织箔、夹篱、供爨，无可弃者。亦济世之一谷，农家不可缺也。"在过去传统农耕年代，甚至20世纪五六十年代，在北方不少地区，高粱除了籽粒当作吃食用来充饥外，很多农民因无力购买砖瓦木材，盖房往往用高粱秸秆做屋顶建筑材料，房前屋后还用高粱秸秆做篱笆。高大挺拔的高粱杆，晒干后还能制成箔，这个箔用处可大了，不但能晒各种庄

高粱篱笆

稼，还能当作房间的隔断，甚至在夏天的晚上，可以铺在外面地上当席乘凉。很多穷苦人家由于无力置办床铺，就架上几块土坯，铺上箔，一张简单的床就搭建而成了，舒适程度跟现在的高档床垫有一比呢。高粱秆的外皮较为坚韧，是编制草席的好材料。此外，高粱的叶和根晒干以后可以用来烧火取暖做饭，造福于广大农民。

民间把高粱的"颈部"即穗秆叫"莛秆"，它看似不起眼，但用处却很大，经过编织加工可制成多种

高粱凉席

日用品。其可以制作规格大小不同的锅盖、瓮盖、盆盖等，在缺乏工业化产品的年代，大大方便了人们的日常生活。这些日用品在我国的使用历史悠久，环保实用，深受民众欢迎，现在不少农村的居民生活还仍旧离不了它。不知道大家在电影或电视中是否注意过这样的场景，镜头中老奶奶在不断用手摇动纺线车，用棉花来纺线，如果你认真观察，就会发现，用来搓棉花捻子的，就是高粱的莛秆。

此外，穗秆还可捆扎成笤帚、炊帚等。你可能不

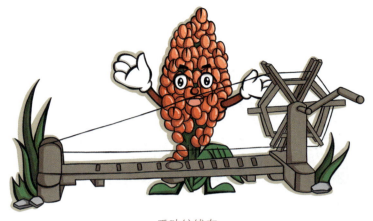

手动纺线车

知道,成语"敝帚自珍"很可能跟高粱也有很大关系呢!据东汉史学家刘珍所著的《东观汉记·光武帝纪》记载:帝闻之,下诏让吴汉副将刘禹曰:"城降,婴儿老母,口以万数,一旦放兵纵火,闻之可谓酸鼻。家有敝帚,享之千金。禹宗室子孙,故尝更职,何忍行此!"用现在的话就是说,光武帝刘秀听说了(吴汉屠城)的事,就责备吴汉的副将说:"成都投降我们的人,连同他们的孩子父母在内,那是成千上万人,一旦纵容士兵烧杀抢掠,他们听到了难道不难过?老百姓家里有一把破笤帚,尚且倍加爱惜,就像它会值很多钱一样。你刘禹的宗室子孙,过去就曾经遇到过这样的遭遇,你现在怎么忍心这样做呢?"

这里面有一个背景,就是东汉初年,光武帝刘秀派大司马吴汉与征南大将军岑彭去攻打在成都称帝的公孙述,副将刘禹率汉军进兵神速,与公孙述进行了殊死搏斗攻占成都后,下令屠城。这就是"家有敝帚,享之千金"的来历。后来,南宋爱国诗人陆游在

高粱扫帚

《秋思》中说："遗簪见取终安用,敝帚虽微亦自珍。"于是,"敝帚自珍"就传播开来,用来比喻东西虽然不好,自己却很珍惜。这里面提到的"帚"会不会就是用高粱的穗秆做的呢,有兴趣的读者可以深入研究一下。

现如今,高粱茎秆还可以用来扎刻工艺品。高粱秆扎刻可是一项民间手工制作艺术,从古至今,民间的能工巧匠制作了不少令人叹为观止的作品。有人说,高粱秆有没有价值,那要看人们能给它赋予多少生命。用高粱茎秆制作的工艺品,从传统的蝈蝈笼、秸秆花灯,到扎刻各类仿古建筑模型,其样式之精美、技艺之高超,充分展示出民间艺人的聪明智慧和精湛技艺。因此,高粱秆扎刻还被列入了国家级非物质文化遗产名录,不少作品被海内外人士广为收藏,成为不可多得的精美艺术品。

从这里我们可以看出,中国人在与高粱的长久相处中,产生了非常深厚的感情,从饮食到生活用品,到工业用途,再到艺术作品等,人们已经完全把高粱融入了自己的生活,融入了自己的汗水、情感和生命。

高粱工艺品

6. 红粮飘香

尽管高粱扮演着如此重要的角色,却仍然面临着被轻视甚至被放弃的命运。在近代以前,高粱因口感不佳仅被当作救命粮而存在,如果有其他更好的选择,人们很难把其当作主粮来看。路遥在《平凡的世界》中把学校食堂的主食馒头分为三等:白面馒头、玉米面馒头、高粱面馒头,颜色分别为白、黄、黑,"学生们戏称欧洲、亚洲、非洲"。高粱的弱势地位可见一斑。

如今，随着经济的发展和人们消费观念的升级，高粱的食用、家用等用途与其他谷类比显得有些鸡肋，加上产量不算太高，因而后来种植面积大为减少。就算是高粱的主产地之一的山东，在20世纪80年代拍摄电影《红高粱》时，却因找不到合适的场景，不得不花钱种上一大片高粱。曾经红火的高粱竟没落如斯，令人叹息不已。但是不服输的高粱怎么会甘于自暴自弃呢！

其实，从一开始高粱就拥有下了逆袭的基因，这就是——天下美酒出高粱。古语有云："秫地成来多酿酒。"含有适量单宁的高粱是酿制优质美酒的最佳原料，驰名中外的中国白酒多是以高粱作主料或佐料配制而成。在漫长的历史岁月中，中国人曾尝试过无数酿酒原料的组合，无论是大米、小米、玉米，还是小麦、大麦、荞麦等，乃至红薯、甘薯、土豆等，都曾作为试验品摆到了酿酒人的面前，然而却没有任何一种粮食能和高粱相媲美。高粱以其独特的酿酒价值傲立于国人面前。在曾经靠天吃饭的华夏大地，因酿酒需要大量谷物，所以用稻米、小米等粮食作物酿酒，一不小心就会背上"酒占人食"的骂名。为节约谷物，历史上不少朝代都实施过"酒禁"。而高粱的挺身而出，极大程度减轻了人们对因酿酒而导致粮食不足的担心，也得以使中国的酒文化大放光彩。

辽、金、元等政权入主中原以后，文化间的碰撞和交流十分频繁，蒸馏技术开始在中原大地普及，高粱终于迎来价值最大化的契机，因为它能蒸馏出最好的烈性酒，也就是我们通常所称的烧酒。明清时期的很多文献中都有以高粱酿酒的记载，如《本草纲目》中记载："蜀黍，释名蜀秫、芦穄、芦粟、木稷、荻粱、高粱……不甚经见，而今北方最多。""茎高丈许，状似芦荻而内实。叶亦似芦。穗大如帚。粒大如椒，红黑色。米性坚实，黄赤色。有二种：粘者可和糯秫酿酒作饵；不粘者可以作糕煮粥……其谷壳浸水色红，可以红酒。"可见当时高粱酿酒已相当普遍。明代以后，朝廷为治理水患下令广种高粱，以其秸秆加固河堤，剩余的高粱籽除做民食及牲口饲料外，则用于酿酒。此外，白酒还可利用高粱糠和甜高粱制糖后的残渣和废稀制酒。自此，高粱酿酒渐成主流，高粱这一度被轻视的粮食，终于在酿酒领域大放异彩。

高粱为何如此适合酿酒？现代研究发现，高粱粒

高粱酿酒的适用特性

中除含有酿酒所需的大量淀粉、适量蛋白质以及矿物质外，最重要的是，含有一种神奇的物质——单宁。适量的单宁对发酵过程中的有害微生物起到一定的抑制作用，能够提高出酒率，而单宁产生的丁香酸和丁香醛等香味物质，又能增加白酒的芳香风味，从而进一步凸显中国白酒文化的独特魅力。加之淀粉含量高，蛋白质、脂肪含量低，食用适口性差，这些典型特点，注定了高粱的命运，那天生就是——为中国白酒而生。

中国主流香型白酒均以高粱为主要原料。几乎可以说,高粱已经成为中国美酒的灵魂。如茅台酒作为中国八大名酒之一,享誉海内外,以赤水河谷及其周边地区的红缨子高粱为主原料,用小麦曲酿制而成,该酒酱香突出,酒体醇厚;再如五粮液,原名杂粮酒,以高粱混合大米、糯米、小麦和玉米为原料,此酒口味醇厚、入口甘美、各味协调。高粱美酒有很多,除刚才提到的茅台酒、五粮液外,还有洋河大曲、剑南春、古井贡、董酒、西凤酒、泸州老窖、全兴大曲、双沟大曲、郎酒、金门高粱酒等,另外民间还有很多直接以"高粱酒"命名的单粮型或多粮型白酒。数不清的高粱美酒在这片古老的土地上芬芳弥漫,让中国白酒享誉世界,成为名副其实的酒中明珠。

高粱成酒,需要种、收高粱,然后把高粱籽粒打碎、蒸煮、发酵、沉淀,酿出的酒还要窖藏、勾调等等一系列复杂的过程,才会制作出香气浓郁的美酒。我们的人生何尝不是如此,不经历成长、摔打和磨砺,以及岁月的沉淀,怎么会有那份淡然与豁达。

如今,中国每年白酒产量高达135亿升,白酒消

【浸高粱米】

【陈贮】

酿 酒

【封坛】

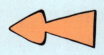

【蒸高粱饭】

【落缸】

【发酵】

工 艺

【压榨】

【煎酒】

费占全球烈性酒总消费量的三分之一，成为全球最大的蒸馏酒市场，也是全球烈酒市场增长最快的国家，巨大的产量让高粱美酒走上了亿万中国人的餐桌。酿酒，再加之饲用等需求，让中国成为高粱最大进口国，高粱需求量逐年快速增长。以高粱美酒为代表的中国白酒，成为一种文化的载体，孕育了悠久深厚的中国酒文化。

此外，高粱还可以酿制成啤酒。在南非、西非等国家和地区会用廉价的高粱来替代大麦酿造高粱啤酒，高粱啤酒是非洲比较流行的一种饮料。还有我们常吃的优质醋，大多以高粱为原料酿成，如山西老陈

高粱酿成的啤酒和醋

醋就选用优质高粱、大麦、豌豆等五谷经蒸、酵、熏、淋、晒的过程酿就而成，享誉长城内外，是中国四大名醋之一，具有质地浓稠、酸味醇厚、气味清香、久不沉淀的特点，色香味俱佳。

嗨,梁宝感谢你!

后记

当完成全部内容，敲上最后一个标点时，我们有点怅然若失。因为，当我们查阅过很多跟高粱有关的图书和资料后，才发现高粱的价值和作用非常之独特，它和其他粮食作物一道发挥了粮安邦稳的"定海神针"作用，才真正从内心深刻领悟到"端牢中国饭碗"的精神实质所在。因此，在写作的过程中，我们想写的内容，想和大家分享的知识实在太多太多，总是想把自己所了解的所有有关高粱的知识一点不漏地呈现在读者面前，和大家一同品读不一般的高粱。但是作为一本科普读物，什么需要重点写、什么需要一带而过，确实不太好把握。但是无论如何，在篇幅有限的情况下，总算把认为重要的内容都写上了，尽管可能还会有一些疏漏。

诚如本书所言，高粱在历史上留下了辉煌的篇章，即便在经济发达的今天，高粱也从未缺席过重要的位置。而且，随着高粱育种技术的发展，人们可以根据需要选育出更多的专用、特用高粱品种，高粱将会有更多的妙用被开发出来。"中国粮"要靠"中国种"。我们有理由相信，当高粱种植插上"科技翅膀"，未来高粱的应用领域将会越来越广阔，将会更好地服务于人类。我们热切地期待着！

因此，不管是从前，还是以后，我们都要更多地去了解高粱的故事，走进高粱的前世今生，为高粱文化资源的开发与利用做出有意义的贡献。然而遗憾的是，近几十年来，尤其是近四十年来，关于高粱系统研究的著述非常之少，适合普通人看的少之又少，科普类著作几近于无。我想，这不正是本书的价值与意义所在吗！

在这里，我们特别想感谢众多的国内外专家和学者，正是在他们的研究基础上，我们才得以较为顺利地完成书稿。客观上讲，没有他们的研究也就不会有这本书的存在。遗憾的是，我们无法一一列出所有我们参考和借鉴过的著作和资料。故此，无论是我们参考和借鉴过资料的作者们，还是在写作过程中反复帮我们核对知识点的专家和学者们，在这里，我们想真诚地说一声谢谢。此外，还要特别感谢张晴、王禹欢两位女士对本书插图的贡献。

诚然，在编著的过程中，我们付出了百分之一百二的努力，但由于编者水平有限，再加之时间仓促，仍然难以避免地出现疏漏甚至错误之处，恳请广大读者能够原谅并加以批评、指正，我们期待之。